红棉论丛
中共广州市委党校

在"四个出新出彩"中
实现老城市新活力
·之二·
城市文化综合实力出新出彩

孟源北◎编著

SPM 南方出版传媒·广东人民出版社
·广州·

目
contents
录

第一章
新思想凝心聚魂工程

▲ 中国特色社会主义文化建设的广州实践

▲ 做强"新闻+服务"提高主流舆论传播力

▲ 健全和强化广州意识形态工作监督机制

中国特色社会主义文化建设的广州实践

改革开放 40 年来，伴随着经济持续快速健康发展，广州的文化建设也取得了长足进步，文化软实力显著提升，城市文化形态发生了历史性巨变。广州的文化建设对广东乃至全国都有很重要的代表性，因而其先行一步的实践探索经验非常值得总结和研究。综观改革开放以来广州文化建设和发展的重要经验，需要特别重视广州在文化建设的路径选择中逐步形成的理性共识和基本遵循，这对新时代坚定文化自信、推动文化繁荣兴盛具有十分重要的启示和导引。

一、坚持社会主义先进文化的前进方向

40 年来广州靠什么始终走在改革开放的前列？其中一个非常重要的因素就在于始终坚持社会主义先进文化的前进方向，坚定不移地走中国特色社会主义的文化发展道路，充分发挥文化对改革开放走在前列的理论指引、智力支持，为解放思想、敢闯敢试提供精神动力。

（一）牢牢掌握意识形态工作领导权

文化是社会生活实践的产物。在人类文明进步过程中，文化一经形成就作为相对独立的思想意识形态和社会意识形态，影响和制约着人们的社会行为。对于自觉自主开展的文化建设而言，选择什么样的方向和道路其实就是选择什么样的文化作为发展目标和发展内容，在本质上是要回答到底应该用什么样的文化来引领和推动社会发展的问题。为此，党的十九

大报告明确指出："意识形态决定文化前进方向和发展道路"①，因而要"牢牢掌握意识形态工作领导权"②。在 40 年的改革开放进程中，广州的文化建设首先强调的就是要坚持解放思想、实事求是，弄清楚什么是马克思主义、什么是社会主义，用邓小平理论、"三个代表"重要思想、科学发展观和习近平新时代中国特色社会主义思想等当代马克思主义中国化的最新成果武装头脑，坚定中国特色社会主义的道路自信、理论自信、制度自信和文化自信，始终高举中国特色社会主义伟大旗帜不动摇，既不走封闭僵化的老路，也不走改旗易帜的邪路。所以，广州人从落实"三个有利于"标准推动改革开放一路前行，到新的历史条件下运用"新发展理念"推动改革开放迈向新的伟大征程，都有着非常坚定的信心和缘于理性共识的行动自觉。

（二）大力培育社会主义核心价值观

社会主义核心价值观是当代中国精神的集中体现，凝结着全体人民共同的价值追求。因而，坚持社会主义文化建设的方向就需要以社会主义核心价值观为统领。在改革开放过程中，广州的文化建设始终围绕树立和践行社会主义核心价值观来展开，并把它作为一条红线贯穿于文化建设和发展的全部工作当中。不仅消弭了各种似是而非的错误思想或认识误区，而且还平衡和整合了各种社会心理、化解各种文化冲突，从而形成推动改革开放不断走向深入的公共价值理性。所以，尽管 40 年来广州一直处在对外开放的前沿，受到西方文化的强烈影响和冲击，广州人并没有因此而成为所谓"西化"的俘虏——既没忘记自己的文化身份也没迷失自己的文化发展方向。可以说，改革开放40年来，广州面向世界、面向现代化、面向未来的发展，在大踏步赶上时代步伐的同时，始终坚守了文化发展的本来和根脉，在社会主义核心价值观的引领下不断推进传统与现

---

① 习近平.决胜全面建成小康社会夺取新时代中国特色社会主义伟大胜利——在中国共产党第十九次全国代表大会上的报告，北京：人民出版社，2017 年，第 41 页。

② 同上。

代的融合、自我与他者的互鉴，由此催生并形成了主导性与多样性相得益彰的文化兴盛。

（三）加强社会主义的思想道德建设

思想道德建设是文化建设的重要内容，社会道德风貌如何也是衡量文化建设成效的重要尺度。在改革开放过程中，经济发展的活力显著增强，但是市场化过程对社会生活所产生的负面影响也不断向道德领域渗透，给文化建设尤其是思想道德建设提出了严峻挑战。广州走在改革开放前列，这样的挑战无疑更是首当其冲。然而，面对这样的挑战和考验广州并没有退缩，更没有选择逃避，而是在实践中坚定中国特色社会主义的文化自信，积极探索加强社会主义思想道德建设的成功路径。广州积极引导市民从养成文明行为习惯做起，把提高思想道德素质融入社会生活的各个方面、融入群众性精神文明创建活动的过程之中，大力推进系列活动，深入开展以"八荣八耻"为内容的社会主义荣辱观教育活动，提升分清是非善恶的尺度认同等等。通过这些教育实践活动，市民思想觉悟、道德风尚有了很大提高，良好的社会风气也得到不断弘扬和发展。由于对思想道德建设的常抓不懈，全社会对是非对错有着较强的辨识力和判断力，因而广泛凝聚着追求真善美、抵制假恶丑的道德正能量。

二、坚持以人民为中心的文化发展理念

社会主义文化最本质的特征就在于它的人民性——既要引导人民群众创造历史的社会实践也要满足人民群众精神文化生活的需要。在改革开放过程中，广州的文化建设始终坚持把人民利益放在首位，坚持把"人民拥护不拥护""人民赞成不赞成""人民高兴不高兴""人民答应不答应"作为检验工作成败的衡量标准，不断改善和提升市民参与社会文化活动的条件，让市民在精神文化生活中增强获得感和幸福感。

（一）强化市民文化权利的制度保障

坚持以人民为中心的文化建设和发展方向和道路，最根本的是要把人民的文化权利维护好、实现好、发展好。维护人民的文化权利尤其是基

本的文化权利关键是政策和立法保障。在改革开放过程中，广州就如何通过政策法规加强对公共文化服务体系建设的保障进行了积极探索。2009年，中共广州市委市政府颁布《广州市加快公共文化服务体系建设实施意见》，明确提出要着力完善城乡基层公共文化基础设施，着力提高公共文化产品和服务供给能力，着力解决人民群众最关心、最直接、最现实的基本文化权益问题，充分体现公共文化服务的公益性、共享性、协调性和多元性，打造全国性的公共文化建设示范区。《广州市公共图书馆条例》的实施，有效解决了公共图书馆在服务的公益性及服务设施的网络建设、均衡发展、资源共享等规范化建设和发展问题。2016年，出台《广州市加快构建现代公共文化服务体系的实施意见》，进一步提出要牢固树立以人民为中心的工作导向，以改革创新为动力，以农村基层为重点，促进基本公共文化服务的标准化、均等化，保障市民基本文化权益。

（二）制定并落实文化惠民服务举措

在改革开放过程中，广州自觉把文化服务作为惠民、乐民、安民的重要抓手，让普惠性的文化服务成为群众满意的"民心工程"。其一，大力推进基层公共文化设施建设工程，夯实文化惠民的基础条件。把市、区（县级市）文化中心、街镇文化站、社区、农村文化室建设纳入城市建设规划，按照房地产开发小区、老城区、政府保障型住房小区分类推进，配套建设的公共文化设施统一移交辖区政府进行调配。其二，加强文化惠民的制度建设，积极探索建立以文惠民的长效机制。加强市区各级制度建设，如：《广州市公益性文化体育设施向未成年人开放的实施意见》《广州市社区文化辅导员工作管理办法》；在海珠区实行"文化联席工作会议"制度并制定了《文化站管理人员工作细则》，天河区出台《关于进一步加强天河区文化站建设的建议》和《关于解决各街道文化站建设的资金和人员等问题的意见》。其三，广泛开展各种形式的文化惠民活动，推动文化惠民的常态化发展。如要求市属各专业艺术院团每年必须制定"送戏下乡"计划，每年要为基层送戏演出100场以上；各街镇文化站每年组织各类文化艺术活动12场以上；各村（社区）"农家（社区）书屋"每年开展以阅读为主题的群众读书活动4次以上；群众文化工作人员每年要有

36天以上深入街镇、社区和农村开展培训、辅导、调研。

（三）广泛开展群众性社会文化活动

文化建设和发展要坚持以人民为中心的发展，让文化活动真正成为群众生活重要内容的同时，也让文化在群众生活中得到富于创造性的繁荣和发展。在改革开放过程中，广州以共享文化活动品牌、社区文化辅导员、群众业余文艺团队、公共文化服务网络以及历史文化资源等为主要依托，各级文化部门积极开展多层次、多种类、全方位的群众性文化活动，形成了非常浓厚的群众文化氛围。在全市范围内，坚持举办"都市热浪"广场文化活动、"公益文化春风行"送戏下乡活动、文化馆（站）文艺汇演、"中国音乐金钟奖"群众性系列文化活动等具有示范性、指导性的群众文化活动。在区（含原来的县级市）范围内，实施"一区一品牌、一街一特色"的群众文化活动品牌创建工程，让喜闻乐见的群众性文化活动呈现出"天天有安排、周周有活动、月月有高潮、处处有亮点"的生动局面。在街镇、社区范围内，根据实际情况举办形式多样、内容丰富的群众文化活动。

三、坚持以传承中华文化作为发展根基

文化作为一个国家、一个民族的灵魂，它在精神境界中升华出来的品格，从来都内含着历史根脉的传承。改革开放40年来，广州一直都在彰显着她作为岭南文化中心地的文化品格和文化精神，始终秉承着岭南文化所倡导的价值理性，内含着求真务实、开放包容、择善而从的文化心境。这是广州立足自己的城市文脉体现出对中华优秀传统文化的坚守、传承与弘扬。

（一）凸显岭南文化中心地的文化活力

习近平总书记指出："为什么中华民族能够在几千年的历史长河中生生不息、薪火相传、顽强发展呢？很重要的一个原因就是中华民族有一

脉相承的精神追求、精神特质、精神脉络。"①广州这座历史古城虽然经历了沧海桑田的岁月流觞，但是它的城市中心从建城开始到现在都在同一个地方，这在世界城市的发展史上极为罕见。正因为如此，广州这座城市才积淀了两千多年来不断延续的文化厚重；也正因为如此，广州作为岭南文化中心地才饱含着由内而外不断延续的文化传承，才饱含着具有浓郁岭南气质和行为特点的文化精神。如果说改革开放过程中广州能先行一步、走在前列，就因为近代以来岭南文化精神让这座城市率先接受先进工业文明的洗礼，有了"睁眼看世界"的文化觉醒和"师夷之长技以制夷"的文化自觉；那么，改革开放过程中广州对岭南文化精神的坚守和传承，又让这座城市的发展在"敢为人先""开拓创新"的奋进当中，迎来了大踏步赶上时代发展步伐的蓬勃生机。改革开放 40 年来，广州文化建设的重要支点是围绕弘扬岭南文化精神来展开，不断提炼、宣传新时代与传统岭南文化相融合的"广州人精神"。如果说广州人自古以来都有敢闯、敢拼的"生猛"品格与活力，那么这种品格与活力就来源于广州人所秉承的文化坚守。换言之，因为长期植根于岭南文化的深厚底蕴之中，广州人形成了充满自信、敢作敢为的价值追求和意志品格，而在岭南文化的浸润和熏陶之下，广州这座城市也充满着求真务实的文化活力和敢于走在前列的文化自觉。

（二）加强历史文化遗产的保护和利用

历史文化遗产是一个城市的文化记忆，保护历史文化遗产是传承城市文脉的重要前提和基础工程。"城市记忆是在历史的长河中一点一滴地积累起来的，从文化景观到历史街区，从文物古迹到地方民居，从传统技能到社会习俗，众多的物质的与非物质的文化遗产，都是形成一座城市记忆的有利物证，也是形成一座城市文化价值的重要体现。"②在改革开放过程中，广州在历史文化遗产保护和利用方面虽然经历了一个由不自觉到

---

① 习近平.在文艺工作座谈会上的讲话》，《人民日报》2015 年 10 月 15 日。

② 单霁翔.城市文化建设与文化遗产保护，《中国文物科学研究》2007 年第 2 期。

自觉的发展过程。先后成立了广州历史文化名城研究会、广州古都学会和名城办公室，对古城区和城市传统中轴线进行研究和规划保护。加强文物保护机构建设，成立了广州市文物局和广州市文物考古研究院。1994 年9月15日广东省八届人大常委会第十次会议通过了《广州市文物保护管理条例》，1998年11月 27 日广东省九届人大常委会第六次会议通过了《广州历史文化名城保护条例》，1998年7月28日广州市政府公布了《广州市人民政府关于保护南越国宫署遗址的通告》，2002 年6月28日，广州市政府公布了《广州市"十一五"期间历史文化名城保护规划》，2007 年出台《广州市南越国遗址保护规定》。广州作为"海上丝绸之路"史迹列入中国世界文化遗产预备名单，出台《广州市海上丝绸之路史迹保护规定》；开展广州市非物质文化遗产普查工作，出台《广州市保护非物质文化遗产弘扬岭南文化工作方案》，建立了比较健全的非遗项目和非遗传承人保护体系。2009 年体现岭南文化优秀传统的粤剧已成功申报世界"非物质文化遗产"。

（三）重视开展岭南文化的学术研究

岭南文化作为中华文化的重要组成部分，在近代以来中国历史的风云变幻中展示出前所未有的强大活力，它对当代中国的发展进步所起的作用也至深至远。什么是岭南文化？什么是岭南文化精神？这对于广州作为岭南文化中心地而言是不可回避的学术话题。为了凸显城市文化的根脉，彰显作为岭南文化中心地的文化优势，广州组织专家学者开展对岭南文化的典籍整理和学术研究，对岭南文化的历史发展和当代价值进行了全面而深入的学术梳理和理性分析。1993年，李权时、李明华、韩强主编的《岭南文化》就岭南文化的形成、结构、特色、形态、本质、流变、发展、未来等做了全面系统的分析和研究。2006 年，由岭南文化百科全书编纂委员会编的《岭南文化百科全书》成为研究岭南文化的权威工具书。2015年4月底，历经 10 年编撰而成的《广州大典》收录了4064种文献典籍，是迄今为止最为全面的广州历史文化史料著作的集成，完整而系统地反映了广州这一岭南文化中心地和海上丝绸之路重要发祥地的变迁和发展。

四、坚持以深化文化体制改革作为发展动力

不断深化文化体制改革、推动文化建设机制创新，是推动社会主义文化大发展大繁荣的重要动力。在改革开放过程中，广州始终坚持深化文化体制改革，不断解放和发展文化生产力，着力构建有利于文化繁荣发展的体制机制，推动文化事业和文化产业共同发展，大幅度提高了人民基本文化权益保障水平，大幅度提高了文化在经济社会发展中的地位和作用。

（一）深化对国有文化单位的管理体制改革

根据中国共产党第十七届六中全会上审议通过的《中共中央关于深化文化体制改革，推动社会主义文化大发展大繁荣若干重大问题的决定》的战略部署，广州立足本市实际情况，以建立现代企业制度为重点，不断深化国有文化单位改革。围绕做强做大国有文化企业集团、深化媒体改革、健全国有文化资产管理体制、推进区县文化事业单位改革四个重点难点，组建了广州文化投资集团公司；以粤传媒为载体整合各类优质文化资源，打造了跨行业、跨媒体的文化投融资平台；成立市文投集团，成为全市重大文化产业项目的运作平台、全市文化资源整合平台、全市文化产业的投融资平台、市文化产业交易和服务平台；整合广东省木偶剧团等9家文化艺术企业；支持广州日报报业集团打造"百亿"文化产业集团。此外，广州出版社等26家经营性文化事业单位和广州杂技团等8家文艺院团也全部核销事业编制、注销事业法人，剥离各原属事业单位优质资产组建公司、转制为企业，初步建立了现代企业制度。

（二）着力构建现代文化市场体系

构建现代文化市场体系是推动文化产业发展的必然要求，也是在市场经济条件下解放和发展文化生产力的必然要求。广州探索构建现代文化市场体系的改革，首先是大力发展文化产品和服务市场。主要从发展图书报刊、影音娱乐设备、电子音像制品、动漫游戏等文化产品市场开始，在此基础上进一步发展物流配送、连锁经营、电子商务等现代流通组织和流通形式，构建覆盖全国、贯通城乡的文化产品流通网络。其次是大力培育

产权、版权、技术、信息等要素市场，通过"广州国际文物博物馆版权交易博览会""中国（广州）国际演艺交易会""中国国际漫画节"等商业平台，推动文化版权、产权和技术等市场交易；同时，加强相关领域的行业组织建设，着力健全和完善推动文化产业发展的中介机构，促进文化市场繁荣。再次是加强对文化市场的监督和管理，规范文化资产和艺术品交易。先后出台《广州市社会文化市场管理暂行条例》和《广州市社会文化市场管理暂行办法》，成立广州市文化市场综合行政执法总队，履行对文化市场的监管职责，行使行政处罚、行政强制及监督检查职能，深入开展"扫黄打非"，完善文化市场管理，保护知识产权，促进现代文化市场体系健康秩序发展。

（三）创新有利于文化发展的体制机制

改革开放以来，广州不断深化文化行政管理体制改革，着力加快政府职能转变，推动政企分开、政事分开，理顺政府和文化企事业单位之间的关系，突出并强化政策调节、市场监管、社会管理和公共服务职能。着力破解国有经营性文化单位改革发展的体制机制问题，重点推进市属文艺院团改革、广播电视台综合配套改革、区一级广电网络以及新华书店的整合工作，积极推动市属主要媒体企业探索"实行特殊管理股制度"。探索建立既适应现代企业制度要求又体现文化企业特点的生产运营机制和经营管理模式，开展法人治理结构试点；大力推进文化行政体制改革的先行先试，优化文化审批事项，激发文化发展活力；加快文化立法，制定和完善公共文化服务保障、文化市场管理、文化产业振兴等方面法律法规，不断提高文化建设的法制化水平。

（四）大力培育文化发展的多元化格局

改革开放以来，广州的文化体制改革特别强调："采取积极态度，因势利导，大力弘扬社会主义文化主旋律，同时，又积极发展多元性的文化，并将它们有机地统一起来，相互促进，推动社会主义文化的健康发展。"①在不断推动优秀传统文化创造性转化和创新性发展，让各类优秀文艺精品不断涌现的同时，也利用各种文化载体大力推进景观文化、机关文化、企业文化、校园文化、家庭文化、社区文化、商业文化、饮食文化、网络文化等具体文化类型的建设和发展，让文化繁荣绽放出争奇斗艳的风采。其中，"乞巧节""菠萝诞""赛龙舟""广府庙会""逛花市""舞火龙""客家山歌""广场舞""重阳登高""私伙局"等各种文化活动在广州蓬勃兴起，身边的群众性文化活动随处可见。如今，广州人既可以走进"广州大剧院""星海音乐厅"欣赏国内外艺术家带来的艺术盛宴，也可以走进"社区文化中心"和各种各样的文化场馆参加自娱自乐的文化体验。到广州选择文化消费和文化体验，已逐步成为人们享受品质生活的重要方式和心仪之愿。

（李仁武）

---

① 杨苗青、刘小钢.文化都市——大城市以文化论输赢，广州：广州出版社，2002年，序言第 2 页。

做强"新闻+服务"提高主流舆论传播力

香港问题再次把"两个舆论场"的问题暴露出来。所谓"两个舆论场",通俗来说就是"你说你的、我信我的",核心就是主流舆论没有占领阵地。这一问题并不仅仅发生在香港,提高主流舆论传播力同样是摆在内地党委政府和党媒面前的一个刻不容缓的问题。具体到广州来说,主要表现在主流舆论的说服力和渗透力不够,缺乏打通基层、黏合群众的载体和平台;媒体融合深度不够,缺乏全国叫得响的标杆式项目;城市话语权不够,缺乏面向全国面向世界讲好广州故事的专业"频道"。面对新形势,亟需立足优化提升党媒核心功能,创新理念、手段和基层工作,打造打通党委政府、群众和媒体的新型传播平台,打通主流舆论传播的"最后一公里"。

一、制约主流舆论传播力的三条软肋

在本课题组针对140名广州大中学生的调查问卷中,选择手机网络获取资讯的占93.57%,选择报纸电视的占11.43%。在一次座谈会上的随机调查中,现场10名大学生仅有1人下载了党媒客户端,而今日头条、抖音等商业客户端的下载率达到100%。

习近平总书记把新闻舆论工作放在"治国理政、定国安邦"的重要地位,在2019年1月25日中央政治局第十二次集体学习时明确要求:"要抓紧做好顶层设计,打造新型传播平台,建成新型主流媒体,扩大主流价值影响力版图,让党的声音传得更开、传得更广、传得更深入。要旗帜鲜明坚持正确的政治方向、舆论导向、价值取向,通过理念、内容、形式、方法、手段等创新,使正面宣传质量和水平有一个明显提高。"

按照这个要求审视自己，近年广州主流舆论传播力建设探索积极、成效明显，但也存在一些需要继续破解的问题。

（一）传统宣传理念不新，机制欠缺

主流舆论传播仍然存在较多传统宣传思路下的文件化灌输式报道，越是铺天盖地越是拒人千里。究其原因，一缺空间，管得太紧，党媒主动作为的天花板有限，害怕过界缩手缩脚；用得太疲，党媒被动工作的日程单太满，穷于应付无暇提升。二缺机制，新闻单位和政府部门之间还没有搭建起密切顺畅的协同联动机制，新闻宣传和舆情应对没有达到应有的效果；本地宣传和对外传播之间还没有搭建起成熟专业的"上宣"和"外宣"合作共赢机制，广州故事传播得还不够广。

（二）传统宣传手段不新，载体欠缺

主流舆论传播仍然过多依赖文字、平面、单向的传统途径，在视频、游戏、交互等新媒体手段冲击下愈发无法吸引群众。究其原因，一缺本领，没有熟练掌握媒体融合生产传播技巧。二缺载体，没有建成新型主流媒体，矩阵量级不足、立体纵深不够。

（三）传统宣传平台不新，资源欠缺

主流舆论传播仍然主要依托新闻资讯平台，在新的传播格局下内容优势下滑、吸附能力不足。究其原因，一缺黏性，信息爆炸之下单凭新闻资讯已经无法聚合群众，必须依靠唯一性、有用性增加平台黏性，比如做好服务。二缺资源，对于党媒而言，最好的服务莫过于依靠政府部门、连接基层群众，做好权威信息服务和政务民生服务。但无论上述哪项服务，政府资源都没有深度注入，没有政府资源就没有服务，没有服务就没有黏性，没有黏性就没有用户。

二、提高主流舆论传播力的三个创新

软肋怎么强起来？根本出路是创新，关键要害在基层。习近平总书记指出："宣传思想工作创新，重点要抓好理念创新、手段创新、基层工作创新，努力以思想认识新飞跃打开工作新局面，积极探索有利于破解工作

难题的新举措新办法，把创新的重心放在基层一线。""在向基层拓展、向楼宇延伸、向群众靠近上继续下功夫，为人民群众提供更多更好的文化和信息服务，让人民日报离人民更近。"

总书记出题，广州要有破题的勇气和担当，这既有传统，也有基础。以党报为例，作为上个世纪九十年代以来全国报业改革的一面旗帜，《广州日报》创造了开启厚报、自办发行、市场化运营等诸多业内第一，在中国新闻界奠定了举足轻重的地位。尽管目前处在转型发展之中，《广州日报》融合传播力2019年仍然位居全国地方党报第一、全国党报第四。《广州日报》是少有的能够进入京西宾馆的地方党报，每天都有800份报纸送到入住宾馆的各级领导手中。报社还拥有500人的经验丰富的新闻采编队伍，其中不乏北大人大中大等知名高校毕业生。这些都是广州新闻舆论和媒体融合工作创新突破的优良基础。

（一）抓理念创新，优化提升党媒核心功能，激活党媒主观能动和专业运作，让党媒与广州发展更加紧密地结合在一起

继续完善新闻舆论工作机制，在坚持"党管媒体"不动摇的前提下，善用善管、放手搞活，下订单、"招投标"，让党媒充分发挥主观能动性，用专业的力量做好专业的工作。建立健全主管部门、新闻单位和区、局、委、办等政府机构专业高效的协同联动机制，树立"共同体"意识，营造"大宣传"格局，妥善处理舆情、改善宣传效果。建立健全主管部门、本地党媒和中央党媒专业高效的合作共赢机制，依托本地党媒，与中央党媒在采编资源、主题策划、栏目共建等方面建立战略合作关系，打通"上宣"渠道、传递广州实践；依托本地党媒，与包括全国副省级城市党报联盟在内的全国党媒和海外媒体建立普惠互利关系，积极策划组织系统、立体和具有鲜明广州城市IP的对外传播活动，构建"外宣"平台、讲好广州故事。通过健全机制、理顺关系、整合资源，充分凝聚上下内外传播合力。

（二）抓手段创新，建设新型主流媒体，推进媒体融合向纵深发展，让宣传目的与传播效果更加紧密地结合在一起

重点支持建设全国叫得响的新型主流媒体，推动老品牌实现新优势。

由于各种原因，目前广州日报、广州广播电视台等党媒都面临着较大的经营压力，建议考虑更大力度的财政扶持，减轻经营负担，聚焦党媒主业，使之在优化提升党媒核心功能、推进媒体融合转型发展的道路上专心致志、轻装前进。

（三）抓基层工作创新，打造新型传播平台，加快和深化推进市区融媒体中心建设，让党委政府与群众更加紧密地结合在一起

市区融媒体中心建设是落实总书记“扎实抓好县级融媒体中心建设，更好引导群众、服务群众”要求的具体举措，是打造打通党委政府、群众和媒体的新型传播平台，提高主流舆论传播力的重要突破口。

1. 市区融媒体中心要打造三件法宝

首先是“融”，也就是必须融合市、区各种传统媒体和新媒体资源，搭建全市层面的媒体融合大平台，构建市、区、街镇三级信息共享交互体系，这是提高主流舆论传播力的基本支撑。从上而下纲举目张，市委市政府能更加有效地统筹指挥全市各级舆论传播；从下而上聚焦通达，基层宣传能更加有力地服务市委市政府中心工作。

其次是“合”，也就是必须聚合区、局、委、办等政府机构的权威信息服务和政务民生服务等资源，通过唯一的、有用的“新闻+服务”的平台黏性，实现“引导群众、服务群众”，这是提高主流舆论传播力的必要条件。如果没有这些资源有效聚合，那这个平台就“新”不起来，就无法超越传统的新闻资讯平台，也就无法黏合群众。与此同时，融媒体中心可与新时代文明实践中心（站）、党群服务中心、村社监察站等各种基层组织机构实现融合建设、放大一体效能。近日广州融媒体中心和新时代文明实践中心“两个中心融合建设”获得中宣部领导表扬和新闻联播报道，正是对这种融合模式的肯定。

最后是“通”，也就是必须打通市、区、街镇、社区和农村，直抵群众，完成“人在哪里，我们的新闻舆论阵地就在哪里”的政治任务，这是提高主流舆论传播力的核心目标。近几年广州在向基层拓展方面做了很多工作，其中“微社区e家通”已经覆盖广州170个街镇中的140多个，为融媒体中心“打通最后一公里”奠定了基础。人民网总裁叶蓁蓁肯定这是广州建设融媒体中心与全国各地相比最大的优势和特色。如果我们的市区融媒体中心以此为基础继续下沉，覆盖街道乡镇、打通社区农村，实践总书记提出的"向基层拓展、向楼宇延伸、向群众靠近"，提供老百姓想看爱用的"新闻+服务"，就有实力成为全国融媒体中心建设的"广州样本"。

2. 市区融媒体中心要解决三项急务

2019年10月22日，"新花城"客户端上线，标志着广州市区融媒体中心开始运作。但要实现战略目的、练就三件法宝，必须解决三项急务。

一是市委挂帅推进。目前融媒体中心建设由市委宣传部统筹推进。鉴于涉及环节多、调度资源多，横向需要调动区、局、委、办等政府机构，纵向需要打通区、街镇、社区和农村，建议由市委挂帅领导，市委宣传部统筹，市委办公厅督办，从而更加有效地调动各方资源、推动工作落实。

二是政府资源注入。政府机构和基层组织要积极主动接入平台、推广平台、运用平台，把平台作为推进社会治理和民生服务的重要渠道。建议由牵头部门和建设单位研究拟定全市政府机构和基层组织参与融媒体中心建设的项目书和时间表，明确任务、压实责任，确保建设目标得到落实。

三是运营主体优化。融媒体中心建设最大的优势和卖点就是打通基层、黏合群众。这一点必须有政府支撑，但单靠行政推进还不够，必须组建专门专业、责权利明晰的运营团队，沉下去做优服务、打通上下，以市场和用户需求为导向，用互联网思维进行开发、运营、推广、服务，提供老百姓想看爱用的"新闻+服务"，这是融媒体中心激发活力的关键。

提高主流舆论传播力，是一张迫切需要我们作出回答的新答卷。立足优化提升党媒核心功能，依托市区融媒体中心做强"新闻+服务"，打造打通党委政府、群众和媒体的新型传播平台，广州有能力交出一份优秀的"广州答卷"。

（赵东方）

健全和强化广州意识形态工作监督机制

近期由香港"修例"引发的暴乱事件，其深层次原因是香港青年人意识形态引领工作出现了问题。广州作为比邻香港的粤港澳大湾区核心城市，应当以港为鉴。针对广州市意识形态工作中缺乏有效统筹、合力难以形成、责任区分不明等薄弱环节，应当采取有效措施，强化对广州市新兴青年群体等重点对象和高职院系等重点单位的意识形态工作的监管服务，加强党内监督，力戒形式主义，将监督落到实处，建立起广州市系统的意识形态工作责任落实机制，筑牢意识形态的"安全防线"。

文化多元、思想多样，是改革开放的一大特征，但这不意味着意识形态问题可以淡化。近年来，频繁有嘲讽英雄人物和"恶搞"革命烈士、公开场合诋毁和抹黑党史国史的事件发生，一些自媒体与党的大政方针唱"对台戏"甚至出现大肆攻击的现象，有些党员领导干部对此不以为然，认为这些事件都不过是"说说""写写""喷喷""骂骂"而已，不必大惊小怪，这些都是对意识形态工作极度不重视的表现。近期发生在香港地区由"修例"引发的暴乱事件，已经成为不重视意识形态工作的反面教材。作为比邻香港的粤港澳大湾区核心城市之一的广州，我们应当以港为鉴，将意识形态工作作为党和国家的一项极为重要的工作抓起来。

一、广州市意识形态工作的薄弱环节

从香港近期发生的暴乱来看，被鼓动参与暴乱的大多是香港各大学、中学的学生，年轻人心智未成熟，最容易受人教唆和利用。广州紧邻港澳，高校众多，在校大学生规模庞大；同时，广州作为粤港澳大湾区核心城市之一，又是全国人口净流入最多的城市之一。近年来，大量人口流入广州，其中大部分是年轻人。这些来广州工作的年轻人中，除在体制内（如公务员、国有企事业单位）工作的年轻人外，大量的年轻人就职于民营企业，还有相当一部分人从事着各式各样的自由职业，如网络作家、独立歌手、流浪艺人等等。广州地处意识形态领域斗争"最前沿"，而青少年群体意识形态教育则是我们意识形态工作中的"最前沿"，但同时也是广州意识形态工作最容易出问题的薄弱环节。

我们在调研中发现，在广州，与青少年人意识形态工作相关的管理单位和部门很多，主要有市委宣传部、市教育局、市公安局、团市委、市来穗人员管理局、市总工会、市妇联等。但是，上述单位和部门在对青少年意识形态管理工作中存在几个亟需引起重视的问题：

（一）缺乏有效统筹

我们在调研中发现，广州青少年群体的总人数难以有效统计。据市来穗人员管理局的不完全统计，广州市大约有1000余万大陆非户籍人口在广州长期居住，其中年轻人占很大的比例。但是，市来穗人员管理局的统计数字仅为中国内地来穗人口的数字，上述数据尚未包括港澳台和其他国家来穗人口，而上述来穗人口的管理权限则属于市公安局。另外，市总工会也负责服务一部分来穗青年人，但仅限于广州市工会系统中的年轻会员，这部分年轻人的真实数据也难以有效确认。

（二）难以形成合力

在穗青少年的人数没有完全统计的情况下，广州市各单位各部门在青少年的意识形态管理工作的职权划分上更是呈现"九龙治水"的局面。市委宣传部是广州市意识形态工作的全面管理部门，但并不直接对某个领域的意识形态工作进行管理；团市委本应是最靠近青少年的部门，但由于其缺乏有效管理手段，对大多数游离于体制外青少年，其意识形态引领影响力有限；市公安局、市来穗人员管理局对来穗青少年群体更多注重监管而非服务，其对上述年轻人的思想意识形态引领工作关注较少；市教育局是广州市青少年意识形态工作领域的"大户"，但其限于职权划分，对大量来穗新兴青年群体的意识形态引导则显得有些"力不从心"；市总工会虽然有对本市工会会员中的青年人进行意识形态领域教育，但毕竟该部分年轻人的人数有限，作用亦有限。

（三）责任区分不明

由于广州市各单位各部门在青少年意识形态引领工作的职权划分上存在"九龙治水"的局面，直接导致了各单位各部门责任难以有效区分，出现职责重叠或职责"空地"。大家都负责或者大家都不负责，很容易在意识形态领域出现"公地的悲剧"。

二、强化对重点对象重点单位意识形态工作的监管服务

以港为鉴，香港"修例"暴乱的主力军是在校大、中学生，对这部分对象进行意识形态引领工作的责任部门首当其冲的应当是香港的教育部门。在广州，我们对各类大、中院校的意识形态引领工作投入比较大，大、中院校在意识形态领域出问题的可能性相对比较低。但是，我们不能忽视一些重点对象和重点单位的意识形态引领工作的"盲点"。我们在调研中发现，广州新兴青年群体的意识形态引领工作是广州市意识形态工作领域中需要重点关注的，职业教育院校是广州市意识形态引领工作的重点关注单位。

高校是知识和人才集中的地方，高校意识形态教育在维护整个国家意识形态安全中具有不可替代的重大意义。高校的意识形态引领工作事关党和国家的长治久安，是一项十分重要的战略工程。广州大学众多，在校大学生规模庞大，历年来广州市对在校大学生的意识形态引领工作抓得很紧，也取得了非常不错的成绩。但是，不可忽视的是，以培养技术工人的高等职业院校在广州市也为数不少。据统计，不算私人开办的职业教育学校，属于广州市管理的高等职业院校就有46所，在职学生约10万人，对这部分学生意识形态引领工作必须引起我们的高度重视。西方国家通过发达的网络技术传播其意识形态和主流价值观，对人们的思想文化发挥着聚合与统领作用。目前，复杂的国际国内形势和环境使意识形态领域的争夺与较量也日益复杂，一定程度上影响了马克思主义在中国高校意识形态领域的主导地位。一些大学生对主流意识形态的趋向感、认同感大为弱化，在

城市文化综合实力——

第一章 新思想凝心聚魂工程

价值取向上不知所措，甚至迷失自我。我们在调研中发现，关于个人信仰问题，广州某重点中学学生中有82%选择"共产主义"；但同样的问题，广州某高职院校学生中有近50%选择没有信仰。高职院校的学生毕业后，大多数人将进入各行业的基层工作，如果对他们的意识形态引导工作没有做到位，将给中国正确的意识形态引领工作带来一定隐患。鉴于此，我们应当进一步加强对广州市高职院校学生的意识形态引领工作，采取讨论、辩论和比较研究等多元的教育方式对学生价值观进行塑造，多用"接地气"的语言向学生们传递正确的主流价值理念。

根据广州团市委2019年关于广州市新兴青年群体思想引领调研报告显示，广州市新兴青年群体对时事政治关注度比较低，不太关心国家事务是该群体的普遍特征。据调查，上述青年群体的价值理念受网络舆论影响较大，网络游戏是影响12.3%的新兴青年价值理念形成或改变的重要途径。高度发达的网络技术在为上述年轻人"朋友圈"的扩大及朋友间的交流提供便捷渠道的同时，也使上述年轻人的思想极易受到自身所处网络朋友圈的影响，当整个群体舆论渲染同一种主张时，在上述群体中的个人往往容易随波逐流。新兴青年群体由于其职业的特殊性，往往游离于组织的有效管理与思想引领之外，一旦其群体中出现了与主流文化思想相左甚至背离的思想，必定会对我们的主流文化造成冲击，甚至会引起舆情事件，导致意识形态领域安全问题的出现。鉴于此，我们应当根据新兴青年群体的特点，以联席会议的形式，由市委宣传部牵头，组建一个专门针对广州市新兴青年群体意识形态引领工作的协调机构，统筹规划运作对上述青年群体的意识形态引领工作。同时，强化网络思想引领，提升网络舆情分析研判工作，制作广州青年价值观主题宣传广告，在新兴青年群体常用的微信、抖音、快手等社交APP中进行投放，进一步强化对广州新兴青年群体意识形态工作的监管服务。

三、力戒形式主义，将监督落到实处

意识形态建设既是从严治党的重要内容，也是维护国家安全的重要途径。意识形态引领工作要落到实处，必须以全面从严治党为统领，强化党内监督，力戒形式主义，将监督落到实处，建立起系统的意识形态引领工作责任制，筑牢意识形态的"安全防线"。

（一）全面加强领导，明确权力责任

针对广州青少年意识形态引领工作"九龙治水"的局面，建议由市委宣传部牵头，建立一个多部门参加的广州青少年意识形态工作联系会议，并严格落实意识形态工作责任制。明确各单位各部门对在穗青少年意识形态引领工作的职权划分和责任区分，牢牢把握意识形态工作的正确方向。

（二）坚持问题导向，明确考核目标

对广州青少年意识形态引领工作不能陷入"机构建立了""人员指派了""大功告成了"等形式主义怪圈。要坚持问题导向，把在穗青少年意识形态引领工作真正出成绩、有效果作为一切工作的落脚点。建议多采用如第三方独立统计调查等方式来检验我们各单位各部门对广州青少年意识形态引领工作的成果。以在穗青少年意识形态调查报告中各项指标反映的"好不好"作为衡量我们工作"行不行"的主要依据。

（三）强化日常监督，精准问责追责

落实意识形态工作责任制，一些单位和部门党组织还存在传导落实工作压力不足、措施不得力、责任追究逐级弱化等问题。如有的不想担责，遇到问题绕着走；有的认为多一事不如少一事，把意识形态工作当成务虚的"软任务"；有的当"绅士"、当"老好人"，在执纪问责环节不愿较真。纪检监察机关对意识形态工作负有双重责任，既要带头做好全市纪检监察系统的意识形态工作，又要履行好职能范围内的意识形态工作监督责任。因此，各级纪检监察机关要进一步强化监督执纪问责，压紧压实工作责任，做到任务落实不马虎、阵地管理不懈怠、责任追究不含糊，确保守土有责、守土负责、守土尽责。强化日常监督，坚持把纪律和监督挺在前面，发挥派驻纪检监察组"派"的权威和"驻"的优势，督促各级党委（党组）认真履行主体责任，形成"一级抓一级、层层抓落实"的工作格局。强化市区巡察，坚持政治巡察定位不动摇，把落实意识形态工作责任制纳入市区巡察安排，与新形势下党内政治生活若干准则、党内监督条例

城市文化综合实力——

第一章 新思想凝心聚魂工程

等党内法规贯彻落实情况一起进行检查，精准发现问题，精准分析研判，精准把握政策，精准处置问题线索。强化追责问责，上紧执纪问责的"发条"，用好问责利器，层层传导压力，压紧压实意识形态工作责任。对意识形态工作实行"一案三查"，除严肃查处违反意识形态纪律的当事人外，还要对党组织负责人、直接分管班子成员进行责任倒查，防微杜渐、堵塞漏洞，使各级党组织切实担负起做好意识形态引领工作的重大政治责任。

（邱阳平）

第二章
红色文化传承弘扬工程

▲ 建设红色文化传承弘扬示范区

▲ 推动广州市红色文化传承弘扬

建设红色文化传承弘扬示范区

　　广州是国家中心城市、广东省省会、是中国首批历史文化名城、岭南文化中心和对外文化交流门户，积累了厚重的中华优秀传统文化和中国共产党领导人民在革命、建设、改革中创造的革命文化、社会主义先进文化。广州作为中国近现代革命重要策源地，拥有丰富的红色文化资源，中国共产党早期的一系列重要革命活动都在此展开，这些红色资源是党史、新中国史和广州历史文化资源的重要组成部分，是弘扬革命传统、传承中华文化核心价值的重要载体，是激发人民群众爱国热情、振奋民族精神的深厚滋养。

一、广州市建设红色文化传承弘扬示范区的重大意义

（一）有助于全面落实习近平新时代中国特色社会主义思想

　　红色文化是中国特色社会主义文化的重要组成部分，蕴含着丰富的革命精神和厚重的历史文化内涵，承载着中国共产党人的初心和使命。[1]示范区建设有利于进一步提高政治站位，更好履行红色文化传承弘扬使命，为新时代广州实现老城市新活力和"四个出新出彩"，推动国家中心城市建设全面上新水平，着力建设国际大都市提供不竭的强大精神动力。

（二）有助于持续加强爱国主义教育和革命传统教育

　　党的十九大报告指出："中国特色社会主义文化，源自于中华民族五千多年文明历史所孕育的中华优秀传统文化，熔铸于党领导人民在革

---

① 　保护传承弘扬好红色文化 . http://theory.gmw.cn/2018-01/15/content_27350307.htm

命、建设、改革中创造的革命文化和社会主义先进文化，植根于中国特色社会主义伟大实践。"越秀区红色文化传承示范区建设有利于进一步弘扬社会主义核心价值观，引导党员干部不忘初心、牢记使命，让广大人民群众特别是青少年在感受感知感悟党史和新中国史中树立正确的人生观、世界观、价值观，进一步坚定理想信念，充分营造全社会凝心聚力、奋发有为的良好氛围和环境。①

（三）有助于擦亮广州红色文化品牌，推动文商旅体融合发展

示范区建设有利于促进红色文化与岭南文化、海丝文化、商贸文化、创新文化等特色文化融合发展，进一步发挥红色文化的引领作用，助推广州经济发展、城市建设，全面提升红色文化资源的经济社会效益。

二、广州市红色文化资源保护利用面临的机遇与挑战

（一）面临的机遇

1. 国家和省高度重视发展红色文化，为红色文化传承弘扬示范区建设指明了方向

中国特色社会主义进入新时代，红色文化战略价值进一步凸显，发展红色文化已成为践行社会主义核心价值观、弘扬民族精神和时代精神的重要抓手。习近平总书记多次就发展红色文化作出重要指示，反复强调要"把红色资源利用好，把红色传统发扬好，把红色基因传承好"。②近年来，国家和省陆续出台了红色文物保护利用、红色旅游发展等系列政策，为广州市建设红色文化传承弘扬示范区相关工作提供了遵循。

---

① 广州市红色文化传承弘扬示范区（越秀片区）发展规划（2019-2025年）http://www.gz.gov.cn/zwgk/ghjh/fzgh/content/mpost_5657207.html

② 广州市建设红色文化传承弘扬示范区 带动城市文化综合实力出新出彩 www.gz.gov.cn/xw/jrgz/content/mpost_5619225.html

2．红色文化需求的不断扩大，为红色文化传承弘扬示范区建设提供了广阔的发展空间

随着人民生活水平的提高，人民群众对社会主义文化的需求持续增加，特别是在中国共产党建党100周年，党建活动将持续广泛开展，红色旅游热度将进一步提升，红色革命史迹、红色教育基地、红色旅游线路将不断完善，为建设红色文化传承弘扬示范区提供了广阔发展前景。

3．区域发展一体化和交通网络的日益完善，为红色文化传承弘扬示范区建设提供了良好的外部环境

在国家推进粤港澳大湾区建设，全省打造"一核一带一区"发展格局的背景下，广州作为区域发展核心引擎功能将显著增强，综合交通枢纽、文化中心和旅游集散地的地位将进一步巩固提升，与大湾区及省内其他城市的文化交流合作将进一步深化，为建设红色文化传承弘扬示范区、共促区域红色文化保护传承提供良好的外部环境。

4．现代科学技术的快速发展，为红色文化传承弘扬示范区建设增添了新的活力

互联网、大数据技术、虚拟现实（VR）、智能机器人等技术不断成熟，广州以此为基础着力发展新一代信息技术和人工智能等新兴产业。全市利用现代信息技术，不断推进红色文化传承和保护，如越秀区大力发展文化创意业，为优化红色资源保存形式、提升红色文化展陈形式，打造红色智慧景区和网络虚拟景区，进一步增强红色文化的吸引力和教育效果储备了基础要件。

（二）面临的挑战

当前广州市红色文化资源保护利用总体情况较好，但也存在一些突出的问题：

1．缺乏整体规划布局，未形成红色广州精神的特色品牌效应

迄今为止缺乏类似红船精神、井冈山精神、长征精神、沂蒙精神、延安精神、西柏坡精神等具有全国影响力的"红色广州精神"特色品牌效应。与广州的英雄历史相比，红色广州名片未能擦亮，红色广州精神有待深入挖掘和提炼，红色引领作用尚未充分发挥。偏重红色革命史迹"点"

的保护利用，忽视了"线"和"面"的规划，缺少主题性的深度挖掘和系统性的谋篇布局。资源整合力度不够，未能将红色史迹与区内优势资源结合起来，特别是推动文商旅体融合发展的统筹策划、创新性思考不足。红色文化资源对经济发展、城区建设未能发挥明显推动作用。

2．红色史迹可持续发展面临诸多制约，红色文化保护传承机制尚未健全

红色文化传承弘扬工作职能涉及多个部门，力量分散，且目前缺乏专门面向发展红色文化的相关法规，不利于工作的整体推进。红色文化资源保护开发利用主要依赖政府投入，社会力量、民间资本参与度不高。红色史迹产权复杂多样，非国有文物史迹未能得到有效保护和开发利用，部分史迹难以回收处理。越秀区内红色革命史迹绝大部分位于居民区，部分史迹为单体居民楼，空间狭小，展陈面积受限，导致展陈水平和教育效果提升难度较大，推进改扩建、周边环境整治受到建设用地紧张、用地性质等制约，推进修缮开发受到建筑物建筑结构、消防安全等制约，报批报建手续繁杂；同时，受限于财政资金约束，红色史迹存在后续维护、深度开发资金不足问题，因越秀区位于广州中心城区，房价偏高，私有产权物业回收和置换面临成本高企等问题。[①]

3．红色文化专业人才储备缺乏，红色文化传承技术手段亟需升级

各红色史迹、博物馆、纪念馆等展览展示方式较陈旧、单一，现代科技运用不足，沉浸式、参与性、互动式展览少。部分主题场馆特色不突出，缺乏现代活力和吸引力。红色资源信息化管理程度不高，智慧管理服务平台建设滞后，遗址对外开放管理方式粗放。同时，广州市红色文化专业人才队伍的培养和储备与新时期红色文化传承弘扬、融合发展和国际化传播的要求相比还存在差距，既有扎实的理论基础又有丰富的实践经验的人才存量不足。专业人才队伍建设成为广州市建设红色文化传承弘扬示范区亟待攻克的重大课题。

---

① 广州市红色文化传承弘扬示范区（越秀片区）发展规划（2019–2025 年）http: //www.gz.gov.cn/zwgk/ghjh/fzgh/content/mpost_5657207.html

三、对策及建议

（一）进行红色资源全面普查行动，加强红色革命遗址保护

依托《广东省红色革命资源保护利用三年提升行动计划（2019-2021）》，全面调查越秀区红色史迹、实物、文献、资料和文艺作品等资源。完善红色资源分级分类登记备案制度，建立实物和电子档案，形成红色资源数据库。实施红色革命文化研究工程、红色革命遗址普查工程、红色革命遗址修缮保护工程、红色革命遗址连片打造工程、红色教育基地建设提升工程、红色文化旅游开发工程、革命题材文艺精品创作工程、红色革命文化传播工程等。[①]将红色革命遗址建设和保护纳入全市国土空间规划、历史文化名城保护规划。按照"抢救一批、保护一批、提升一批"的工作思路，对红色革命遗址实施分类保护，科学有序推进一批红色革命遗址的改扩建、保护修缮、开放展示工程。全面排除红色革命遗址险情，显著改善红色革命遗址生存状态。编制《广州近现代革命史迹保护规划》和一批重点文物保护规划，重点推动中共三大陈列馆等改扩建工程，实施广州公社旧址、中华全国总工会旧址等革命遗址的修缮保养工程。

（二）整体规划红色史迹与周边区域，优化红色革命遗址周边环境

做好红色史迹与周边区域的整体规划开发，因地制宜开展有主题的氛围布置，凸显红色文化特质，对与红色革命遗址环境气氛不协调的经营活动和娱乐设施进行清理整顿或主题整改。优先推动红色革命遗址周边的城市更新、专业市场改造，恢复重要红色革命遗址周边历史环境风貌，从严控制周边新建、改扩建工程项目，加大周边违法建设查处力度。实施重点红色革命遗址周边环境整治工程，完善交通、服务等配套设施。

---

① 我省实施红色革命资源保护利用三年提升行动计划 新一轮革命遗址大普查将启动 http://www.gd.gov.cn/zwgk/zdlyxxgkzl/whjg/content/post_2578564.html

（三）充分利用"线上+线下"红色文化资源，提升红色文化展示水平

优化红色革命遗址"线下"展馆。统筹推进红色革命遗址、博物馆、纪念馆、陈列馆建设，扩大红色革命遗址开放参观范围，强化各场馆之间的联动推介。推动红色场馆精品化，着力将中共三大会址纪念馆、毛泽东同志主办农民运动讲习所旧址纪念馆、广州起义纪念馆打造成为红色文化示范场馆。实施陈列展示提升工程，借助人工智能、3D影像、虚拟现实等技术手段，打造沉浸式、互动式展览。推动广东革命历史博物馆、广州博物馆与中国人民革命军事博物馆开展合作，定期在广州举办革命历史文化主题展览。建立红色革命遗址"线上"展馆。建设数字红色文化传承弘扬示范区，推进"互联网+"革命文物，运用多媒体等信息技术对红色文物进行全景式、立体式、延伸式展示宣传。建设网上展馆，举办网上展映、展播活动，开通在线直播、点播等功能，实现红色革命遗迹线上参观、远程瞻仰。围绕基本陈列、革命文物、重要纪念物等打造红色文化微视频，推动干部群众、青少年学生积极参与。[1]

（孙蔷薇　杨钰娟）

---

[1] 广州市红色文化传承弘扬示范区（越秀片区）发展规划（2019-2025年）http://www.gz.gov.cn/zwgk/ghjh/fzgh/content/mpost_5657207.html

推动广州市红色文化传承弘扬

广州是国家中心城市、广东省省会，是中国首批历史文化名城、岭南文化中心和对外文化交流门户，积累了厚重的中华优秀传统文化和中国共产党领导人民在革命、建设、改革中创造的革命文化、社会主义先进文化。越秀区是广州最古老的中心城区和行政、商贸、金融、文化中心，是中国近现代革命重要策源地，拥有丰富的红色文化资源，中国共产党早期的一系列重要革命活动都在此展开，这些红色资源是党史、新中国史和广州历史文化资源的重要组成部分，是弘扬革命传统、传承中华文化核心价值的重要载体，是激发人民群众爱国热情、振奋民族精神的深厚滋养。

一、推动广州市红色文化传承弘扬的具体做法

广州市委、市政府高度重视红色文化建设，近年来部署和指导各区特别是越秀区不断加强红色史迹的保护修缮、红色文化的挖掘阐释、红色资源的活化利用，擦亮广州红色文化品牌工作卓有成效。为全面贯彻党的十九大精神，深入落实习近平总书记对广东重要讲话和重要指示批示精神，深化红色旅游资源普查全国试点经验，充分发挥广州市红色文化资源优势，创建国家级红色文化传承弘扬示范区，切实把红色资源利用好、把红色传统发扬好、把红色基因传承好，让红色文化释放出强大的凝聚力和引领力，带动支撑城市文化综合实力出新出彩，有力推动中国特色社会主义先进文化发展。

（一）实施红色资源全面普查行动

依托全国文物普查、广州市第五次文物普查成果和全国红色旅游资源普查试点工作，全面调查越秀区红色史迹、实物、文献、资料和文艺作品

等资源。完善红色资源分级分类登记备案制度，建立实物和电子档案，形成红色资源数据库。加强对革命文物和文献档案史料、口述资料的征集工作，组织专家、志愿者等开展"寻找越秀红色足迹"调研活动，深入挖掘越秀区主要红色历史阶段的重要线索、革命文物和精神实质。

（二）加强红色革命遗址保护修缮

将红色革命遗址建设和保护纳入全市国土空间规划、历史文化名城保护规划。按照"抢救一批、保护一批、提升一批"的工作思路，对红色革命遗址实施分类保护，科学有序推进一批红色革命遗址的改扩建、保护修缮、开放展示工程。全面排除红色革命遗址险情，显著改善红色革命遗址生存状态。编制《广州近现代革命史迹保护规划》和一批重点文物保护规划，重点推动中共三大陈列馆等改扩建工程，实施广州公社旧址、中华全国总工会旧址等革命遗址的修缮保养工程。

（三）优化红色革命遗址周边环境

做好红色史迹与周边区域的整体规划开发，因地制宜开展有主题的氛围布置，凸显红色文化特质，对与红色革命遗址环境气氛不协调的经营活动和娱乐设施进行清理整顿或主题整改。优先推动红色革命遗址周边的城市更新、专业市场改造，恢复重要红色革命遗址周边历史环境风貌，从严控制周边新建、改扩建工程项目，加大周边违法建设查处力度。实施重点红色革命遗址周边环境整治工程，完善交通、服务等配套设施。

（四）提升红色文化展示水平

优化红色革命遗址"线下"展馆，统筹推进红色革命遗址博物馆、纪念馆、陈列馆建设，扩大红色革命遗址开放参观范围，强化各场馆之间的联动推介。推动红色场馆精品化，着力将中共三大会址纪念馆、毛泽东同志主办农民运动讲习所旧址纪念馆、广州起义纪念馆打造成为红色文化示范场馆。实施陈列展示提升工程，借助人工智能、3D影像、虚拟现实等技术手段，打造沉浸式、互动式展览。推动广东革命历史博物馆、广州博物馆与中国人民革命军事博物馆开展合作，定期在广州举办革命历史文化主题展览；建立红色革命遗址"线上"展馆。建设数字红色文化传承弘扬示范区，推进"互联网+"革命文物，运用多媒体等信息技术对红色文物进行全景式、立体式、延伸式展示宣传。建设网上展馆，举办网上展映、展播活动，开通在线直播、点播等功能，实现红色革命遗迹线上参观、远程瞻仰。围绕基本陈列、革命文物、重要纪念物等打造红色文化微视频，推动干部群众、青少年学生积极参与。

二、推动广州市红色文化传承弘扬取得的主要成效

（一）红色史迹保护利用不断完善，红色旅游发展活力增强

推进中国共产党第三次全国代表大会（以下简称中共三大）会址独立建馆，组织广东省农民协会旧址等修缮，完成中共广东区执行委员会旧址、杨匏安旧居开放展示。加快推进海珠广场片区品质提升工作，打造广州市红色文化传承弘扬示范广场，成功举办庆祝新中国成立 70 周年系列活动。将红色革命遗址周边社区纳入社区微改造，遗址周边环境整治及"三线"下地力度不断加大，交通、标识和服务设施进一步完善。以越秀地区"中共党史上的十个第一"为主题，打造经典红色之旅线路。编印《街巷里的红色印记——广州越秀红色革命史迹全记录》，出版《越秀红色旅游胜地》宣传册，形成红色革命遗址智能地图，提供导览导航、跟随讲解、周边查询等个性化服务。

（二）全市红色教育主阵地地位凸显

依托中共三大会址、毛泽东同志主办农民运动讲习所旧址、广州公社旧址等，组织开办"新时代文明实践站红色文化讲堂"，打造"家门口的红色学堂"，社会反响热烈。着力打造爱国主义教育基地，将红色革命遗址纳入省市团组织的"青年马克思主义者培养工程"教育实践基地和全市中小学生思政课程社会实践的重要基地。建设红色文化传承弘扬示范区，是广州持续加强爱国主义教育和革命传统教育的必然要求。示范区建设有利于进一步弘扬社会主义核心价值观，引导党员干部不忘初心、牢记使命，让广大人民群众特别是青少年在感受感知感悟党史和新中国史中树立正确的人生观、世界观、价值观，进一步坚定理想信念，充分营造全社会凝心聚力、奋发有为的良好氛围和环境。

（三）推动城市文化综合实力出新出彩和市民文明素质提升

红色文化传承弘扬示范区建设是广州全面落实习近平新时代中国特色社会主义思想的生动实践。坚持以习近平新时代中国特色社会主义思想为指导，全面贯彻落实习近平总书记对广东重要讲话和重要指示批示精神，坚持社会主义先进文化的前进方向，以践行社会主义核心价值观为根本，以把红色资源利用好、把红色传统发扬好、把红色基因传承好为工作出发点和落脚点，充分发挥广州历史文化名城资源优势，深入挖掘和凸显红色广州精神内涵，着力建设国家级红色文化传承弘扬示范区，擦亮"近现代民主革命策源地、改革开放先行区"城市文化名片，带动支撑文化强市建设，推动实现城市文化综合实力出新出彩和市民文明素质提升，为广东乃至全国传承弘扬红色文化提供可复制可推广的经验。示范区建设有利于进一步提高政治站位，更好履行红色文化传承弘扬使命，为新时代广州实现老城市新活力和"四个出新出彩"，推动国家中心城市建设全面上新水平，着力建设国际大都市提供不竭的强大精神动力。

（四）红色文化创新融合发展基础资源更加丰富

越秀区文化事业和文化产业蓬勃发展，拥有博物馆和纪念馆 18 个、图书馆3个，北京路文化核心区是首批国家级文化产业示范园区、国家文化与金融合作示范区和全国首批步行街改造提升试点，广州创意大道产业基地聚集了 2000 多家文创企业。2018 年，越秀区文化产业增加值达195.52 亿元，占全区生产总值的 6%。建设红色文化传承弘扬示范区，是擦亮广州红色文化品牌，推动文商旅体融合发展的有力举措。示范区建设有利于促进红色文化与岭南文化、海丝文化、商贸文化、创新文化等特色文化融合发展，进一步发挥红色文化的引领作用，助推广州经济发展、城市建设，全面提升红色文化资源的经济社会效益。示范区建设有利于促进红色文化与岭南文化、海丝文化、商贸文化、创新文化等特色文化融合发展，进一步发挥红色文化的引领作用，助推广州经济发展、城市建设，全面提升红色文化资源的经济社会效益。

三、广州发扬红色传统和传承红色基因存在的主要问题

尽管广州是全国最重要的红色文化城市之一，也被评为全国首批历史文化名城，由于种种原因，广州革命史在全国革命与建设中的作用表达却还不够明显，广州的红色传统和红色基因在全国的知晓度和影响力不大。主要表现在三个方面：

（一）大革命时期广州红色史迹史料梳理不系统

广州是大革命高潮的中心地，是全国较早成立共产主义小组的城市，华南涌出了第一个系统传播马克思主义的杨匏安；二十世纪二十年代，无数优秀青年来到广州投身到大革命的熔炉中，改变着中国乃至世界的历史发展轨迹。1922年5月，第一次全国劳动大会和共青团第一次全国代表大会先后在广州召开全国，孕育和推动第一次工运和青运高潮到来；1923年6月，中共三大的召开，促成了第一次国共合作，开启了轰轰烈烈的国民革命；在广州举办黄埔军校和农民运动讲习所，为大革命培养了军事人才和农民运动的骨干；广州起义与南昌起义、秋收起义一起载入史册，广州建立了全国第一个城市苏维埃政权。作为大革命中心的广州，至今为止仍缺乏权威的广州大革命和大革命红色文化专著。查阅最权威的经党中央批准由中共中央党史研究室编写的《中国共产党的九十年——新民主主义革命时期》一书，因史实史料缺乏，未系统记述广州在新民主主义中所起的作用。因资料缺乏和认识不够，广州市也没有开展中共中央在广州党史编纂工作，没有系统论述广州在大革命时期特别是新民主主义革命中的独特地位和作用。

（二）重要红色旧址（遗址）特别是中共三大会址被毁

广州有丰富的红色文化资源，据广州党史部门普查，现存广州红色党史旧（遗）址超190处，2019年5月广州市发布首批红色革命遗址目录有115处。1921年7月23日，中国共产党成立后，在1921年至1927年间，中共中央驻地在上海、北京、广州、武汉等城市之间迁徙往还。据《中国共产党的九十年》记载，1923年4月底，中共中央机关（中共三大后成立中

共中央局）正式迁到广州，于同年7月底又迁回上海，中共中央驻广州约一百多天。中共中央机关南迁到广州后，获得新的发展空间，成功筹备召开了中共三大，进一步扩大政治宣传和发动群众参与革命斗争。特别是中共三大正确制定统一战线方针政策，推动国共合作出现新局面，推动大革命进入高潮，广州逐渐成为全国工农运动的中心和国共合作北伐战争的根据地、大后方。遗憾的是，中共三大召开地的两层小楼房于1938年被侵华日军的飞机炸毁而荡然无存。为寻找中共三大旧址，从1958年开始至2006年，三大会址和原貌才得以廓清，耗时近半个世纪。为对中共三大会址实施保护，中共中央决定不在原会址仿建小楼，而在旁边新建中共三大纪念馆。对中共三大会址被毁，以及中共中央机关旧址等重要红色旧址保护与宣传不够，影响了广州在全国党史中的话语权。

（三）广州红色文化精神的提炼概括不足

近年，更好发挥党史资政育人功能，中宣部、中央党史和文献研究院等部门加大力量对中国共产党精神谱系的研究与宣传，出版了《中国共产党革命精神系列读本》，系统论述了"先驱精神""红船精神""井冈山精神"等优良传统和独特的内涵与价值的精神。广州因对红色文化和广州革命精神研究不足，至今为止，我们仍缺乏足够分量的广州红色文化专书，也缺乏诸如红船精神、井冈山精神、苏区精神、长征精神、延安精神、沂蒙精神、西柏坡精神等名扬天下的广州红色精神的凝练概括。广州没有一个叫得出来，并获得认可的名字或代表这种精神的符号。在红色传统发扬和文化基础传承上，红色广州名片未能擦亮，红色广州精神没有唱响，红色引领作用有待进一步发挥。

四、广州发扬红色传统和传承红色基因的主要对策

红色传统和红色文化是红色基因的密码，凝结我们党的价值理念和精神追求，呈现中国共产党人的鲜亮底色。近年，红色传统和红色基因的战略价值进一步凸显，发展红色文化已成为践行社会主义核心价值观、弘扬民族精神和时代精神的重要抓手。广州加强党史研究，讲好党的故事、领

袖故事、广州红色故事，打造红色文化传承示范区。

（一）进一步梳理大革命时期广州红色史迹史料

上世纪二十年代，广州作为大革命中心，无数优秀青年来到广州投身到大革命的融炉中。在革命斗争中，毛泽东、周恩来、刘少奇等老一辈无产阶段革命家领导和从事的革命活动，彰显党的主张和强大生命力、战斗力，打上了党的使命和担当的深刻烙印，体现党的本质属性和核心价值。可以说，每一处红色史迹，每一份红色史料，每一段红色历史都蕴含着丰富的政治智慧和道德滋养。中国共产党人和革命志士在广州留下的红色史迹史料，分布于广州各个区，是广州人民一笔宝贵的财富。梳理红色史迹史料，讲好中国共产党领导广州人民浴血奋战的故事，是利用红色资源、发扬红色传统、传承红色基因的重要途径。

（二）增设广州中共中央旧址纪念馆

被称为革命圣地的井冈山、瑞金、遵义、延安、西柏坡，都对中共中央旧址进行系统保护。如延安时期，中共中央先后在凤凰山、杨家岭、枣园办公，延安对每处中共中央旧址进行全面保护。上海除中共一大、二大、四大会址纪念馆外，在1923年8月后，中共中央从广州迁回上海后，在三曾里遗址短暂办公，上海市设立了中共三大后中央局机关三曾里遗址（位于上海市静安区临山路 202—204号）。与广州相似，中共中央在武汉召开第五次全国代表大会，中共中央曾短暂驻武汉。武汉专门设立武汉中共中央机关旧址纪念馆。中共三大会址纪念馆虽也曾设《春园故事——中共中央在春园》专题展览，但一直没有设立广州中共中央旧址纪念馆，无法直观显示中共中央机关驻广州这一事实。结合广州红色文化传承示范区建设，应当在中共三大会址纪念馆基础上，增设中共中央机关旧址（春园）纪念馆，使春园、简园、逵园，以及多达400栋历史建筑等一起构成具有红色文化和岭南文化的巨大露天博物馆。

（三）提炼广州红色文化精神的内核和品质

对红色文化进行研究阐释是发扬红色传统和传承红色基因的关键。一种精神之所以能够得到传承和发展，一定有一个永不变更的内核，有一个象征。从中国共产党精神谱系中，在红船精神、井冈山精神之间，还应当包括初步形成统一战线理论的广州红色文化精神。对广州来说，要深入挖掘研究大革命史，总结广州在中共三大、第一次国共合作、统一战线、大革命、北伐、工农群众运动等不同阶段形成的红色广州精神，凸显广州红色在全国文化中的地位和作用。要对广州红色文化精神进行深度的研究和阐释，要高度概括广州红色文化内核，浓缩广州红色文化品质。有党史专家曾提出可以概括为"红棉精神"或"广州精神"，既表现出广州人民在革命战争年代的不畏牺牲、顽强拼搏的革命精神，也表现出在改革开放时期广州人民敢为人先、自强不息的进取特质。

（刘新峰）

第三章
人文湾区共建工程

▲ 在粤港澳大湾区建设中提升广州文化影响力

▲ 加强对广州青少年文化教育引领

▲ 大湾区文化交流合作常态化机制研究

在粤港澳大湾区建设中
提升广州文化影响力

粤港澳大湾区建设是我们党和国家在中国特色社会主义进入新时代为实现中华民族伟大复兴的中国梦、推动事业新发展所作出的重要战略决策。全面贯彻落实这一重大战略，对于加快粤港澳地区的发展具有十分重要的意义。广州作为国家重要中心城市，在粤港澳大湾区建设中具有举足轻重的地位和作用，应当在思想和行动上体现出更加积极主动的责任与担当。如何把广州的地位和作用充分发挥出来并使之真正形成优势、产生效应，又是需要认真研究和探讨的。本文拟从增强城市文化综合实力的视角，就在粤港澳大湾区建设中如何提升广州文化影响力、带动力问题提出一些意见和建议。

一、着力发挥广州作为岭南文化中心地的文化聚合功能

粤港澳大湾区建设要在现行"两种制度"和"三个关税区"中实现打造"国际一流湾区"和"世界级城市群"的目标，相对于国际其他湾区而言其复杂性和困难度是显而易见的。然而，在粤港澳大湾区建设当中，最大的优势就在于三地同属于以岭南文化为根脉的社会生活圈，在千百年来同根同脉、同宗同族、同生同长的历史繁衍与相互交往中，形成了很强的文化认同感和心理归属感，自古素有"姑舅亲辈辈亲，打断骨头连着筋"的亲缘关系。这种"血缘+文化"的联结纽带，无疑可以为粤港澳大湾区建设面临的各种复杂问题找到相互理解、相互包容、相互得益的解决方案。

香港、澳门已经回归祖国，而且与珠江三角洲城市群之间的相互联系

越来越密切。可以说，在"一国两制"的前提下香港和澳门已经逐步融入国内城市的发展体系，这是实施粤港澳大湾区建设国家战略的重要前提。那么，在粤港澳大湾区建设中，为什么文化因素特别重要呢？或者说为什么要考虑文化的引领力问题？这是因为粤港澳毕竟存在"两种制度"和"三个关税区"所造成的体制机制障碍，而要跨越这些障碍就需要有一个能够相互认可、促进融通的联结纽带。这一纽带既包括构建促进相互合作的利益共享，也包括构建能够进行相互合作的心理认同。而不论是构建利益共享机制，还是构建心理认同机制，都要以彼此能够接受的思想文化共识为基础。如果说粤港澳本来就是一家人，那么彼此之间的合作就是"自家人"的家务事。既然是"自家人"的家务事，就应该什么问题都可以谈、可以合作、可以让步。这就是推进粤港澳大湾区建设最有利的文化基础，也是构建互利互惠合作发展新机制最重要的思想前提。

既然实施粤港澳大湾区建设的重要战略将有利于粤港澳地区新一轮的大发展，是造福于粤港澳地区百姓的大好事，就应该基于粤港澳之间的文化联系和文化生态来考虑共同发展的路径选择问题。这就要求，在文化同根同源的基础上培育彼此认同的文化价值理念，构建互联互通、功能互补、优势叠加的利益共同体、命运共同体和责任共同体。那么，构建这样的共同体最坚实可靠的文化依托在哪里呢？这无疑就是千百年来像血脉一样流淌在粤港澳大湾区这个"大家园"中的岭南文化。它作为共同的理想信念、价值判断、意义表达、审美情趣、风俗习惯、知识体系等等，渗透在社会生活的方方面面，对人们的行为给出价值指引，成为岭南人日常生活当中最有认同感的文化之根脉。

作为岭南文化的中心地，不论是历史文化资源积淀的厚重，还是近代以来迸发出"敢为人先"的创新精神，广州都展现出了最绚丽的风采和最有力的担当。今天，在粤港澳大湾区建设中广州同样要有这样的担当，把岭南文化中心地应当具有的文化整合功能发挥出来，把粤港澳地区人们最为崇尚的文化价值理性展现出来，从而凝聚起推动粤港澳大湾区建设所需要的强大精神力量。因为文化整合功能是文化中心地才具有的文化优势，这其中既有历史传承中本来就具有的文化地位和功能，也有时代进步过程中推动创新发展对其文化地位和功能的强化。如果说在粤港澳大湾区的城市群中广州作为岭南文化中心地是无可厚非的，那么其文化功能也必须通过推动岭南文化的创造性转化和创新性发展来巩固和提升，否则这样的文化地位和优势是日渐式微的。因而，广州的文化建设不能因循守旧、封闭僵化，更不能自命不凡、无所作为，而要从建设和彰显广州作为岭南文化中心地的功能和作用上下功夫，充分发挥岭南文化中心地对粤港澳大湾区建设的吸引力、辐射力和带动力。

首先，要把广州作为岭南文化中心地的文化标识和文化精髓提炼出来、展示出来。习近平总书记在全国宣传思想工作会议上的讲话中提出："要把优秀传统文化的精神标识提炼出来、展示出来，把优秀传统文化中具有当代价值、世界意义的文化精髓提炼出来、展示出来①。"这对坚定文化自信、提升中华文化影响力具有非常重要的指导意义，是新时代加强中国特色社会主义文化建设的基本遵循。把这一要求落实到广州的文化建设当中，就需要把广州作为岭南文化中心地的文化标识和文化精髓提炼出来、展示出来。这样的提炼和展示既是广州文化建设所必需的，也是推动粤港澳大湾区文化建设协同发展所必需的。因为岭南文化是粤港澳地区共同的文化根基和共同的文化习惯，在长期的历史流变中不仅保持着共同的话语表达方式，而且内含着粤港澳建设共同的人文价值追求。因此，要通过对广州深厚文化底蕴的挖掘，把其作为岭南文化中心地的文化标识和文化精髓提炼出来、展示出来，让其成为粤港澳大湾区建设中文化身份认同的重要标志和形成共同理想的精神内核。尤其要重视对城市文化景观的设计和修建，把岭南文化的标识注入城市生活的空间，让岭南文化中心地最鲜明的文化特色感性直观地展现出来，形成具有审美价值的视觉认知。

其次，要把广州作为岭南文化中心地的文化根脉和文化优势挖掘出来、展示出来。广州作为岭南文化中心地不是自诩的，而是在岭南聚居繁衍的南越族人千百年来以此为中心开展社会生产、进行社会交往、享受社

---

① 习近平.在全国宣传思想工作会议上强调举旗帜聚民心育新人兴文化展形象 更好完成新形势下宣传思想工作使命任务[N].人民日报，2018-8-23.

会生活所形成的。公元前214年，秦始皇统一岭南后设立的南海郡，首任郡尉任嚣主持修筑了番禺城（史称"任嚣城"），这是广州的前身。从那时起，广州就作为郡治的首府而具有岭南政治经济文化中心的重要地位，并逐渐孕育、积淀出作为岭南文化重要组成部分且最能代表岭南文化品格与特质的广府文化。这样的文化厚重既是广州特有的精神财富，更是粤港澳地区文化同根源远流长的历史源头。为此，要加强对岭南文化古迹的保护性挖掘、开发和利用，把自古以来广州作为岭南文化中心地源远流长的历史记忆彰显出来；同时，要广泛开展粤港澳地区的文化寻根活动，包括到广州开展姓氏寻根、家族寻根、民俗寻根等等，以培育和增强粤港澳地区百姓对岭南文化的归属感、认同感和自豪感，从而基于文化自信凝聚起推动粤港澳大湾区共同发展的精神力量。

再次，要把广州作为岭南文化中心地的民俗文化和传统艺术保护下来、传承下来。民俗文化活动和传统文化艺术是历史文化留存的活化石，它体现人们对传统文化的尊敬和喜爱，内含着世代相传的文化信仰、文化表达、文化操守和文化追求。其中，最为重要的表现方式是各种经典文化故事的艺术化演绎，以及各种民俗文化活动的广泛开展。粤曲粤剧、广东音乐、岭南画派、龙舟狮舞、佛道妈祖、迎春花市、重阳登高、乞巧节、波罗诞、咸水歌、舞火龙等等，都是岭南文化的重要传承。广州要把这些非物质文化遗产保护好、传承好，并通过举办丰富多彩的民间文化交流活动、联谊活动、展演活动、庆典活动，充分发挥广州文化机构、文艺院团和文艺人才的带动作用，在粤港澳大湾区建设中推动营造以岭南文化为纽带的、共商共建共享的精神文化家园。

二、着力发挥广州作为大国文明展示地的文化引领功能

在约瑟夫·奈提出的"软实力"概念中，文化的因素和文化的力量对于一个国家、一个地区、一个城市提升自己的竞争力、影响力、带动力都至关重要。加拿大学者保罗·谢弗则把文化称为引导和推动社会进步的"灯塔"，认为它照亮了一条基于理想和理性而通往未来的道路。在现实

生活中，文化是我们看待世界的认知方式和改变世界的内驱动力，文化也是我们了解自我、认识自我和改变自我的思维方式和价值判断，它告诉我们如何区别真善美与假丑恶。因此，文化并非在我们的日常生活之外，而是以各种方式潜入我们的心灵中，对我们的社会生活实践起到这样或那样的范导作用。

粤港澳大湾区建设是一项前无古人的伟大实践。能否在"一国两制"的政治优势、相互依存的地缘优势和各有所长的协同优势中，实现湾区内部自组织体系的结构优化和功能提升，迫切需要有文化的支撑和文化的引领。粤港澳地区的突出特点是"一国两制"条件下的制度差别，存在不同的法律和制度约束。要把粤港澳大湾区建设成为互联互通、功能互补、优势叠加的"国际一流湾区"和"世界级城市群"，必然会在政府职能、利益归属、体制机制、标准认证和资源环境等方面遇到这样或那样的困难和挑战。特别是历史形成的体制障碍和管理格局所造成的各自为政，客观上带有很强的自闭性和排他性，对彼此之间的开放、兼容和协同会产生严重的制约。如果没有一种力量来打破这种因制度、体制和监管所形成的地域隔离，那么彼此之间的相互协同、优势互补和作用发挥就只能是非常有限的。所以，粤港澳大湾区的建设迫切需要通过文化之间的融通和共识，来探索推动彼此协同发展的新思想、新理念和新思路。

以"一国两制""港人治港""澳人治澳"为基本前提，培育粤港澳大湾区建设的文化共识，最重要的共识是要"增强香港、澳门同胞的国家意识和爱国精神，让香港同胞、澳门同胞与祖国人民共担民族复兴的历史责任、共享祖国繁荣富强的伟大荣光"。因为粤港澳大湾区建设是关系到中华民族伟大复兴的强国战略，必须站在国家意志和国家利益的高度才能凝聚相互合作、共同发展的思想共识和精神力量，才能超越不同社会制度、不同利益主体、不同法律体系的约束，从共处于一个湾区的地缘框架和全局思维来谋化相互合作、共同发展的新途径、新动能和新优势。

那么，国家意识和爱国精神应当如何确立？其实这并不是抽象的而是具体的。从文化层面而言，它除了有从情感上对祖国的敬仰而产生爱恋之外，还要有从事实上对祖国的发展进步而感到骄傲和自豪的理性认知。

价值判断总是缘于事实判断的，个人对祖国的尊敬和热爱在其现实性上同样需要有展示祖国发展和进步的事实依据。改革开放40年来这样的事实当然是充分的，广州和深圳快速发展的历史性巨变都是国家进步和发展最成功、最鲜活的例证，是向世界展示我国改革开放成就的"重要窗口"和国际社会观察我国改革开放的"重要窗口"。在粤港澳大湾区建设中，要全面推进内地同香港、澳门的互利合作，开创粤港澳大湾区建设共同走向世界、实现共赢发展的新局面，就需要进一步发挥这样的"窗口"作用，以促进国家意识和爱国精神在广大港澳同胞心中转化为强烈的国家认同感和民族自豪感。因此，广州的文化建设要站在代表并展示国家风范的战略高度来布局和推进，充分强化作为国家中心城市应当具有的文化引领功能。

就广州而言，自从秦统一中国设立"南海郡"以来就已经是大中国的岭南重镇，不仅与祖国的发展命运密切联系在一起，而且有着家国意识同构的深厚情感。可以说，从建城伊始，广州就作为国家政权机构统一管理的重要组成部分，既体现着主流社会的生活样式，也体现着主导价值观的文化要求，还展示着与社会历史进步相适应的国家发展状态。近代以来广州的发展更加与国家的命运息息相关，从"三元里抗英"到"太平天国运动"，再到"戊戌变法""辛亥革命"，再到"中共三大""广州起义"，再到"改革开放"和中国特色社会主义进入新时代的今天，广州都始终肩负着为国家强盛、民族振兴而奋斗的崇高使命，并走在全国前列发挥着先锋和表率作用。广州是广州人的广州，更是"大中国"的广州。改革开放40年来广州发展带来城市面貌焕然一新，也是当今"大中国"发展的重要体现。如果说2010年成功举办"亚运会"，已经是广州代表国家走向世界的重要标志，那么，在粤港澳大湾区建设中就更要充分展示代表当今中国文明发展的时代风采，让"文明广州"成为人们向往美好生活的示范地，让以社会主义核心价值观为主导的广州文化建设发挥出引领文化协同发展的"头雁"效应，从而促进粤港澳大湾区建设在国家意义上从坚定文化自信不断走向中华民族伟大复兴的文化自觉。

习近平总书记指出："社会主义核心价值观是当代中国精神的集中体

现，是凝聚中国力量的思想道德基础。"①他强调："要坚持'两手抓、两手都要硬'，以辩证的、全面的、平衡的观点正确处理物质文明和精神文明的关系，把精神文明建设贯穿改革开放和现代化全过程、渗透在社会生活各方面，紧密结合培育和践行社会主义核心价值观，大力倡导共产党人的世界观、人生观、价值观，坚守共产党人的精神家园。"②广州作为改革开放前沿地和排头兵，是向世界展示我国改革开放成就的"重要窗口"，也是国际社会观察我国改革开放的"重要窗口"，因而就要继续在加强社会主义精神文明建设、培育和践行社会主义核心价值观上下功夫，进一步推动文明城市创建工作迈上新水平。要坚持以习近平新时代中国特色社会主义思想和党的十九大精神为指导，牢牢掌握意识形态工作领导权，"增强'四个意识'、坚定'四个自信'，自觉承担起举旗帜、聚民心、育新人、兴文化、展形象的使命任务"③。要在落细、落小、落实上下功夫，动员全社会共同参与、共同行动，使培育和践行社会主义核心价值观"与人们的日常生产生活深度融合，成为全体人民日用而不觉的行为准则"④，"引导和推动全体人民树立文明观念、争当文明公民、展示文明形象"⑤，使城市文明的整体水平和市民的精神面貌得到进一步提升，以显示以社会主义核心价值观引领社会文明进步的强大力量，并在粤港澳大湾区建设协同发展中展示出文明广州的时代风采。

习近平总书记指出："实现'两个一百年'奋斗目标，需要全社会方方面面同心干，需要全国各族人民心往一处想、劲往一处使。如果一个社会没有共同理想，没有共同目标，没有共同价值观，整天乱哄哄的，那

① 习近平.习近平谈治国理政（第二卷）[M].北京：外文出版社，2017：351.

② 习近平.习近平谈治国理政（第二卷）[M].北京：外文出版社，2017：324.

③ 习近平.在全国宣传思想工作会议上强调举旗帜聚民心育新人兴文化展形象 更好完成新形势下宣传思想工作使命任务[N].人民日报2018年8月.

④ 中共中央宣传部.习近平新时代中国特色社会主义思想三十讲[M].北京：外文出版社，2018：198.

⑤ 习近平.习近平谈治国理政（第二卷）[M].北京：外文出版社，2017：324.

就什么事也办不成。"①这一思想认识，毫无疑问对于粤港澳大湾区建设同样重要。因为粤港澳大湾区不能因为"两种制度"和"三个关税区"而各自为政、各行其是，必须在国家战略的实施中形成共同理想、共同目标。只有在彼此达成共识的基础上，形成心往一处想、劲往一处使的干事合力，才能真正推动打造"国际一流湾区"和"世界级城市群"目标的实现。这就需要在粤港澳大湾区建设中夯实形成思想共识的社会基础。习近平总书记曾引用《荀子·解蔽》的话说："凡观物有疑，中心不定，则外物不清；吾虑不清，则未可定然否也。"②这说明"解蔽"对于正确认知的形成至关重要。这一问题如何解决？马克思主义哲学认为实践是认识的来源，也是检验真理的唯一标准。所以，在实践中厘清是非对错，消解认知偏误，形成真理性认识，并在此基础上统一人们的思想。那么，如何在粤港澳大湾区建设中培育统一的思想认识呢？这其中最重要的依托也是实践，尤其是取得成功的实践范例。当然，取得成功的实践范例并非唯一，但是就粤港澳大湾区城市群而言，广州在改革开放过程中穗港澳合作不断深化就是一个成功实践的范例。它表明快速发展的广州所彰显的城市文明形象和强大精神力量，完全可以在构建全面开放新格局中拓展更多发展空间，探索更多合作模式，形成更多合作优势。这是粤港澳大湾区建设最为坚实的实践基础之一。未来，作为国家中心城市的广州更需要强化这种合作的基础并通过体制机制的创新，发挥出积极推动粤港澳大湾区建设协同发展的带动作用和敢于先行先试的引领功能。

三、着力发挥广州作为新型文化汇聚地的文化驱动功能

岭南文化有一个非常重要的特点就是开放包容、开拓创新，能够广泛吸收外来文化之长补己之短，从而形成自己的文化优势。改革开放四十

---

① 习近平.习近平谈治国理政（第二卷）[M].北京：外文出版社，2017：335.

② 习近平.习近平谈治国理政（第二卷）[M].北京：外文出版社，2017：326.

年来，广州在粤港澳之间一直发挥着推动交流与合作的重要作用。在改革开放过程中，伴随着广州与港澳经济往来和人员往来的不断增加，文化之间的交流与合作也不断深化。在通过学习港澳引进国外先进的科学技术和管理经验的同时，广泛开展粤语文化之间的交流与合作，把港澳台的流行文化（通俗歌曲、影视作品等）大量引进过来，在丰富群众业余文化生活的同时促进自身的文化发展，使广州一度成为在文化娱乐方面影响全国的"流行前线"。

改革开放四十年来，为适应经济社会发展要求，满足人民群众不断增长的精神文化生活需要，广州在文化建设上逐步开始以市场化发展为取向、以满足大众文化消费需求为重点的实践探索。1979年初广州东方宾馆开设了全国第一家营利性的"音乐茶座"；1988年广州电视台策划的"美在花城"广告新星大赛，成为率先开设大型综艺节目的广州品牌；从1987年1月起，《广州日报》在全国地方性报纸中最先由4版扩至8版，成为华南地区发行量、零售量、订阅量和传阅率均为第一的报纸；1984年以广州改革开放为题材创作的电影《雅马哈鱼档》以及电视连续剧《情满珠江》《公关小姐》《商界》《外来妹》等，在全国成为占据银屏首位的热播剧等等。可以说，得改革开放风气之先的广州，在文化建设上形成了有全国影响的"广式文化潮"，这是广州形成文化创新力的重要基础。

在粤港澳大湾区建设中，广州应当进一步加强与港澳的文化交流与合作，利用文化相融的有利条件为各种新型文化的汇聚提供空间和渠道。粤港澳大湾区城市群集中在环珠江口的地理区域，人们在日常语言、生活方式、思想观念、风俗习惯、性格特征等等都有原生态的文化相同性和契合性，这是粤港澳大湾区建设协同发展最重要的文化基础。有了这样的基础，粤港澳大湾区建设就可以在求同存异的文化相融中找到可以达成共识的公共性话语体系，消弭不同文化形态之间存在的疏离或分歧，为城市群之间文化优势互补、功能整合、品质提升提供内源性的系统整合。改革开放四十年来，广州通过与香港、澳门的合作推动了营商环境的国际化提升，许多通行的国际惯例已被吸收和推广，使广州能够在参与国际竞争中先行一步。今天，在粤港澳大湾区建设中，广州更需要深化与港澳的文化交流与合作，通过对资源、资金、人才、技术和市场等多元要素的系统整合，实现大湾区内部文化产业链的区域合理布局，以广—深—港"创新走廊"为核心轴，以珠江两岸协同发展为产业带，推动粤港澳文化产业发展在国际上形成新动能、新优势和新影响。

首先，要通过加强穗港澳的文化交流与合作，扩大新型文化在广州的汇聚效应，为落实创新发展理念、实施创驱动战略提供文化基础。在信息化、智能化的背景下，实施创新驱动发展战略已越来越成为推动创新发展的路径选择。实施创新发展驱动战略，不仅要有创新发展的新产业、新业态、新技术、新模式，而且还要有推动创新发展的新体制、新供给、新组合和新主体。现在的问题是，改革开放和经济社会发展已经进入到全面转型升级的新阶段，广州必须面对如何加快提升自主创新能力的严峻挑战。不论是从建设国家中心城市的历史重任来看，还是从构建枢纽型网络城市的必然要求来看，树立创新发展理念、培育创新文化、提升创新能力都具有前所未有的重要性和紧迫性。因此，广州要利用自己基于穗港澳合作和对外开放所形成的文化市场优势，让各种新型文化在这里汇聚，从而形成引领创新驱动发展的文化效应。

其次，要通过全面深化改革，切实为各种有利于推动创新发展的新型文化汇聚提供政策支持和制度保障。广州素有"西来初地"的文化传承，是对外开放和商贾云集的"千年商都"。伴随海外贸易的发展，文化交流非常频繁并不断深化，世界各地的新型文化、流行文化也蜂拥而至，开放包容的广州自然成为"时尚之都"。曾经对中国人的文化心态产生巨大影响的"广式文化潮"，也是基于广州这座城市的文化品格和先行一步的制度创新而形成的。今天，要让这种文化汇聚的活力进一步增强并形成推动创新发展的文化基础，就迫切需要通过全面深化文化管理体制和文化生产经营体制的改革创新，让推动文化繁荣发展的源泉充分涌流。这其中很重要的一点就是需要通过加强以企业为主体的创新文化建设来落实创新发展理念、探索创新发展路径、制定创新发展目标、出台创新发展举措，以激发企业家精神形成对创新活动的引领和推动，来实现创新能力的集聚和创新水平的提升。从文化发展的视角而言，广州需要在体制机制创新方面有

城市文化综合实力
第二章 人文湾区共建工程

更大的作为，为推动文化发展提供更有引领力的政策支持和制度保障，让更多怀揣梦想的文化创新人才尤其是文化企业家愿意选择广州作为施展才华的舞台，能在广州找到自己实现梦想的广阔空间。这是广州在粤港澳大湾区建设中形成文化发展活力的关键所在。

再次，要坚持社会主义的文化发展道路，成为不断推动社会主义文化繁荣发展的创新引领地。一方面，广州要在各种新文化、新思想的交流和交锋中，自觉坚持为人民服务、为社会主义服务的文化发展方向，坚持百花齐放、百家争鸣，坚持创造性转化、创新性发展，大力发展有广州特色的"面向现代化、面向世界、面向未来的，民族的科学的大众的社会主义文化"，"不断推出讴歌党、讴歌祖国、讴歌人民、讴歌英雄的精品力作"[①]，为满足人民过上美好生活的新期待提供丰富的精神食粮，让广州文化创新和创造的活力充分绽放，在文化产品生产能力上形成带动力和辐射力。另一方面，广州要积极推动自己的文化院团、文化企业和文化人才积极参与全球文化交流，在全球性的文化竞争中充分彰显广州的文化特色、文化实力和文化风采，并通过各种形式的文化会展推动面向世界的文化市场开放和文化产权交易，从而带动粤港澳大湾区城市群在文化建设上形成走向世界的强大合力，为打造"国际一流湾区"和"世界级城市群"奠定坚实的文化基础。

（李仁武）

---

① 习近平.决胜全面建设小康社会 夺取新时代中国特色社会主义伟大胜利——在中国共产党第十九次全国代表大会上的报告[M].北京：人民出版社，2017：41.

加强对广州青少年文化教育引领

习近平总书记指出，要抓住青少年价值观形成和确定的关键时期，引导青少年扣好人生第一粒扣子。香港青少年文化教育引领在国民教育、民族文化教育、传播能力、关键人群四方面存在严重缺失，是导致其青少年群体出现一系列问题的重要原因。以港为鉴，在广州青少年文化教育引领中实现机制创新和手段创新，做到充分利用优势、抓住关键环节，夯实青少年文化之基，是保持社会稳定、促进青少年健康成长的必需，也是实现"老城市新活力"的重要举措。

一、香港青少年文化教育引领的缺失及其严重后果

（一）从制度层面看，国民教育无体系无保障

香港特区政府虽然持续关注国民教育，比如2004年成立国民教育中心，2007年成立国民教育服务中心，但国民教育始终没有纳入制度化、法治化的轨道，也缺少专责部门大力推进。2012年的"反国教风波"致使在中小学增设国民教育及德育课程的计划落空。"国民教育种子计划"开展时间晚，参与度低，只有100所中学参与，且每个中学仅有一个参加名额。最基本的活动如升国旗，由于教育局只是"提倡和鼓励"，使得香港1000多所学校中只有100多所成立升旗队。国民教育缺失的直接后果是香港青少年对中国及中国文化的疏离：2015年特区政府委托香港中文大学对香港青少年（15岁至35岁）进行的民意调查显示，45%的受访者认同自己是"香港人"，39%认同"香港人，但都是中国人"，11%认同"中国人，但都是香港人"，5%认同"中国人"。香港特区政府声称法治精神是香港社会非常重视的核心价值，但《基本法》的普法则长期不受重视，

导致香港青少年缺乏对 "一国两制" 的法律认识。

（二）从行动层面看，文化领域 "去中国化" 趋势明显

2017年香港 "以普通话教授中国语文科" 的中学仅占36.9%。中国历史课程地位边缘化，2000年取消中国历史初中必修科的地位，高中选修中国历史科的人数每年递减。据香港考试及评核局的数据显示，2018年香港中学文凭试报考中国历史科的考生人数与过去十年旧制中五会考人数规模相比，在不到十年的时间内大跌超过75%。在通识教育领域，只有课纲而没有课本，不设价值立场，致使美化 "占中"，抹黑 "一国两制" 的自选教材在校园流通，导致青少年对中国人的身份感到迷惘甚至抗拒，2014年12月，两名参与 "占中" 的香港大学生甚至在英国下议院外交事务委员会举行的听证会上 "呼吁" 重启《南京条约》。

（三）从途径上看，媒体被利用而推波助澜

对于不在校的青少年，为实现其理论的 "全覆盖"，所谓泛民派采用了媒体轰炸的手段。纸媒方面，《苹果日报》及相关媒体长期散布反中乱港言论，混淆视听；香港教育专业人士协会与香港公共图书馆将 "港独" 书籍《香港城邦论Ⅱ光复本土》列入 "中学生好书龙虎榜"；香港大学《学苑》明确提出 "香港独立"。其他媒体，包括新媒体方面，对国家及特区政府的负面报道可谓铺天盖地，反对祖国及特区政府的人在电台、电视台有相当大的影响力，也成为 "网络意见领袖"，香港电台在 "第五届香港书奖" 评选中将 "港独" 书籍《香港城邦论》列为 "年度好书"。这对香港青少年起到了极其恶劣的引领作用。

（四）从关键人群看，青少年群体成为 "港独" 的 "后备人才库"

2015年一项对香港青少年（15岁至35岁）的民意调查显示，有42.3%的受访者称支持泛民主派，只有5.3%支持建制派。2015年的另一项调查显示，受访的香港青年中64.7%不愿意到内地就业工作，其声称的原因排序为 "对内地法治欠信心" "不习惯内地生活" "对内地社会有负面印象" 等。对于 "占中"，青少年群体中 67.7% 的人表示支持。香港高校学生会立场逐步走向激进化、暴力化和 "港独" 化，学生会几乎被 "港独" 学生把持，随后利用学生会的组织优势和宣传优势在校园传播 "港独"。

香港大学的《学苑》、香港城市大学的《城大月报》、香港中文大学的《中大学生报》、浸会大学的《jumbo》成为参与引导香港"民族自决"理论形成的"港独"舆论阵地。2018年9月的开学季，香港大学学生会会长黄程锋、香港中文大学学生会会长区倬僖、香港教育大学学生会临时委员会会长张鑫等学生在公开场合先后表达"港独"言论。

二、香港青少年文化教育引领问题给广州的借鉴和启示

习近平总书记指出：无论是加强对青少年国家历史、文化教育，还是依法打击和遏制"港独"活动，维护香港社会大局稳定，都需要大家迎难而上，积极作为，有的时候还要顶住压力，保持定力。为我们加强和改进青少年文化教育引领工作，创新工作模式指明了方向。香港的相关问题给广州带来了借鉴和启示，我们也通过现场座谈、收集汇总现有数据、制作匿名调查问卷等方式对广州青少年相关领域的情况进行了考察。

（一）做好青少年文化教育引领至关重要

约瑟夫·R斯特雷耶认为："一个国家的本质上是存在于它的国民的内心和思想中的；如果国民在心不承认国家的存在，那么任何逻辑上的推导都不可能使国家存在。"事实上，境外有关势力一直致力于在文化教育领域与我们争夺青少年：1949年以后，港英政府大力推行"去中国化"的文化政策，1967年香港反对英国殖民统治的抗议运动后，更是开展"赢心洗脑"系统工程，塑造"本港文化"以代替中国传统文化。美国前驻香港总领事夏千福（Clifford Hart）从"去中国化"中总结出"宁静革命"的概念。为研究这个问题，调研组制作了调查问卷，一所知名中学和一所高职院校的110名同学参与填写了调查问卷，问卷调研结果整体上是积极正面的，但也有一些细节值得我们在今后的文化教育引领工作中予以重视：在面对"如何看待一些大学生发表的辱华和不爱国言论"的问题时，4%的知名中学受访者和50%的高职院校受访者选择"这是公民的言论自由"；另有13%的高职院校受访者认为西方意识形态和价值观"是普世价值观应当全面吸收借鉴"。在高职院校的现场座谈中，十名在校学生（八名为广

东生源）中有六名表示"毕业后不留在广州"，原因包括工作前景、交通状况及对其他城市的向往等。

（二）针对青少年文化教育引领的制度化机制亟待完善

埃米尔·涂尔干："教育是年长一代对尚未对社会生活做好准备的一代所施加的影响。"教育是一个需要汇集多方面力量的"集体创作"。我们应当吸取香港在这方面"没人管、不敢管、不知道怎么管"的深刻教训，实现"四层负责"：即明确主管机构，对青少年文化教育引领副总责，家长在家庭教育中负起责任，学校在教育管理中负责，学生会等学生组织在日常运作中负责。做好建章立制工作，做到有规划、有目标、有指标。同步建立考核和奖惩制度，调动各方面力量做好这一基础性工作，使得家长、主管部门、学校共同投入到青少年文化教育引领的行动中去。

（三）文化教育引领的手段急需改进

根据调查问卷结果，知名中学94%的受访者和高职院校90%的受访者"获取社会热点消息的主要渠道"都是手机网络；66%知名中学受访者，70%高职院校受访者表示"不经常阅读收看主流媒体"；在"主流媒体应该在哪方面加以改进加强"一问上，选择"加强APP，微信微博，视频，抖音等新媒体传播"的，两个学校均比例最高（知名中学60%；高职院校23%）。新时代的舆论传播方式和媒体情况产生了巨大变化，不适应这种变化，就会造成"你说你的，他听他的"，宣传和宣传对象没有交集。那种认为"宣传不就是编几本小册子搞个墙报"的传统路径已经大部分失效。打造青少年感兴趣的"信息源"是我们目前的一项必须去做的重要任务。

（四）对青少年进行文化教育引领的覆盖面必须扩大

调研组赴相关领域的4个主管单位进行了调研，了解相关工作实际情况，收集有关数据。根据统计，广州市1000余万外来人口，七成以上为青少年，而目前针对该群体的文化教育引领活动（含职业技能培训活动）能够覆盖的是150万人次，最多只占五分之一。本土原创的青少年的文化教育活动有木偶剧、粤剧电影等，受众非常有限。虽然包含传统文化在内的文化教育引领活动对在校学生实现了全覆盖，但仍然存在"存在感不高""资源不足"等情况。因此，我们急需获得在青少年进行文化教育引领领域喊出中国声音和广州声音的"大声公"。

三、加强对广州青少年文化教育引领的对策建议
（一）强化对意识形态工作的领导监督

1. 完善意识形态工作管理和监督机制

一是全面加强领导，明确权限责任。针对广州青少年意识形态领域工作"九龙治水"的局面，建议由市委宣传部牵头，建立一个多部门参加的广州青少年意识形态工作联系会议，并严格落实意识形态工作责任制。明确各单位在对在穗青少年意识形态工作的职权和责任，牢牢把握意识形态工作的正确方向。二是坚持问题导向，明确考核目标。要坚持问题导向，把青少年意识形态引领工作出成绩、有效果作为一切工作的落脚点。建议多采用如第三方独立统计调查等方式，来检验参加广州青少年意识形态工作各部门的工作成果。以在穗青少年意识形态调查中各项指标反映的"好不好"作为衡量我们工作"行不行"的主要依据。三是强化日常监督，精准问责追责。要强化监督执纪问责，突出压紧压实工作责任，做到任务落实不马虎、阵地管理不懈怠、责任追究不含糊，确保守土有责、守土负责，守土尽责。强化日常监督，坚持把纪律和监督挺在前面，形成一级抓一级、层层抓落实的工作格局。强化市区巡察，坚持政治巡察定位不动摇，把落实意识形态工作责任制纳入市区巡察安排。强化追责问责，对意识形态工作的责任追究实行"一案三查"，防微杜渐、堵塞漏洞，使各级党组织切实担负起做好意识形态工作的重大政治责任。

2. 重视"新兴青年群体"实现全覆盖

根据团市委2019年关于广州市新兴青年群体思想引领调研显示，对时事政治关注度比较低，不太关心国家事务是该群体的普遍特征。这类青年群体的价值理念受网络舆论影响较大，有12.3%的新兴青年的价值理念形成或改变的重要途径是网络游戏。由于其职业的特殊性，往往游离于组织的有效管理与思想引领之外，一旦其群体中出现与主流文化思想向左甚至背离的思想，必定会冲击我们的主流文化。鉴于此，我们应该针对新兴青

年群体的特点，以联席会议的形式，组建一个专门针对广州市新兴青年群体意识形态引领工作的协调机构，统一规划运作对上述青年群体的意识形态引领工作。同时，强化网络思想引领，提升网络舆情分析研判工作，制作广州青年价值观主题宣传广告，在新兴青年群体常用的微信、抖音、快手等社交APP中进行投放，进一步有效强化对广州新兴青年群体意识形态工作的监管服务。

3. 以文化为支撑构建高校"三全育人"体系

广州高校众多，在校大学生规模庞大，高校学生的意识形态引领工作必须引起高度重视。历年来广州市高度重视在校大学生的意识形态工作，取得了很好的成效，但广州作为中国的南大门，西方国家通过网络等传播渠道宣传其意识形态和价值观，对大学生的思想影响较大。复杂的形势和环境使意识形态阵地的较量日益复杂，高校大学生常常遇到困扰，影响了马克思主义在中国高校意识形态领域的主导地位，一些大学生在价值取向上不知所措，甚至迷失自我，部分大学生对主流意识形态的趋向感、认同感大为弱化。

中共中央、国务院《关于加强和改进新形势下高校思想政治工作的意见》提出，坚持全员全过程全方位育人（以下简称"三全育人"），高校要把立德树人作为根本任务，融入思想道德教育、文化知识教育、社会实践教育各环节，形成包括文化育人在内的六个育人机制。因此广州必须以文化育人为重要支撑之一，形成文化育人机制。一是要坚持"立德树人"根本任务，落实"三全育人"总部署。"文化传承"是高校四个职能定位之一，加强高校传统文化教育，打造优良的校园物质文化与精神文化，是引导大学生树立文化认同价值观、坚定文化自信的有效手段；二是要重视高职院校群体，加强岭南传统工艺的传承创新。广州高职院校数量较多，全省80余所高职院校中有46所坐落在广州市，高职毕业生将成为大湾区各行业基层技术人才的核心力量，其意识形态将影响区域经济发展与社会稳定，因此需要加强对高职教育文化育人的重视，构建"传统工艺进课堂、民间大师进平台、传统文化进校园"的"三进"体系，通过传统工艺传承，培育工匠精神、坚定文化自信，让优良的岭南文化在高职教育中传承和创新，在城市综合文化建设中出彩。

（二）着力提高主流舆论传播力

习近平总书记指出："宣传思想工作创新，重点要抓好理念创新、手段创新、基层工作创新，努力以思想认识新飞跃打开工作新局面，积极探索有利于破解工作难题的新举措新办法，把创新的重心放在基层一线。"具体到广州实践，应当着力做好提高主流舆论传播力的三大创新。

1. 让党媒与广州发展更加紧密地结合在一起

依托本地党媒，与中央党媒在采编资源、主题策划、栏目共建等方面建立战略合作关系，打通"上宣"渠道、展现广州实践；依托本地党媒，与包括全国副省级城市党报联盟在内的全国党媒和海外媒体建立普惠互利关系，积极策划实施系统、立体和具有鲜明广州城市IP的对外传播活动，构建"外宣"平台、讲好广州故事。总之，通过健全机制、理顺关系、整合资源，充分凝聚上下内外传播合力。

2. 服务加新闻增加"客户粘性"

聚合有关政府机构的权威信息服务和政务民生服务等资源，通过唯一的、有用的"新闻+服务"粘性，实现"引导群众、服务群众"，这是提高主流舆论传播力的必要条件。如果没有这些资源有效聚合，那这个平台就"新"不起来，就无法超越传统的新闻资讯平台，也就无法粘合群众。与此同时，融媒体中心可与新时代文明实践中心（站）、党群服务中心、村社监察站等各种基层组织机构实现融合建设、放大一体效能。近日广州融媒体中心和新时代文明实践中心"两个中心融合建设"获得中宣部领导表扬和新闻联播报道，正是对这种融合模式的肯定。对于融媒体平台，政府机构和基层组织要积极主动接入平台、推广平台、运用平台，把平台作为推进社会治理和民生服务的重要渠道。建议牵头部门和建设单位研究拟定全市政府机构和基层组织参与融媒体中心建设的项目书和时间表，明确任务、压实责任，确保建设目标得到落实。

3. 坚持向基层拓展

打通市、区、街镇、社区和村，直抵群众，完成"人在哪里，我们的新闻舆论阵地就在哪里"的政治任务，这是提高主流舆论传播力的核心目

城市文化综合实力

第二章 人文湾区共建工程

标。近年广州在向基层拓展方面做了很多工作，其中广州日报 "微社区e家通"已经覆盖广州170个街镇中的140多个，为融媒体中心"打通最后一公里"奠定了基础。如果我们的市区融媒体中心以此为基础继续下沉，覆盖街道乡镇、打通社区农村，将成为全国融媒体中心建设的"广州样本"。

（三）利用文化资源让广州青年"更爱广州"

1. 打造"时间线"与"故事线"共存的特色文化街区

我们常说广州市有两千年建城史的历史文化名城，但总有人说没有足够的历史文化建筑资源，但事实上是这些资源没有得到充分的整合利用。呼和浩特市在打造历史文化街区的时候遇到的困难更大：历史上的蒙古族是游牧民族，没有建筑。但该市在实践上根据不同情况采用了三种路径：以现存的寺庙如观音寺等为中心，周边建设风格统一的街区，使之连接成片；利用明清汉族聚居区的古建筑打造"塞上老街"等明清"味道"的街区；通过给建筑加入蒙古族文化元素（屋顶外墙等），形成"蒙古风情街"。广州的历史文化资源则远远超过，完全可以做到更好，采用古建筑为中心现代建筑添加古建筑文化元素的方法，提升文化旅游吸引力：比如以光孝寺（汉代兴建）导引的秦汉历史文化街区；及以大佛寺（五代兴建）为导引的大唐历史文化街区；和以海幢寺（明代兴建）为导引的明清历史文化街区；还可以有民国历史文化街区。红色历史文化街区则可以起到润物无声的教育引导作用。与此同时，可以有海上丝绸之路的历史文化街区，十三行的历史文化街区，广州美食历史文化街区等"故事性"历史文化街区。辅之以"住买食"的服务，增加历史韵味，成为文化引领和文化产业相结合的系统项目。

2. 打造新媒体的"广州形象"

如上所述，提升广州对青年文化吸引力的重要途径，就是在青年文化信息的主要来源——新媒体上做好城市形象打造工程。成都市在合理规划的基础上，投入资源，全方位展示了成都的历史文化底蕴、休闲宜居特点和西南大都市的魅力。在B站、快手、抖音、虎扑、知乎等网站上，讨论成都优势的信息层出不穷，歌曲《成都》的传唱更增加了其文化魅力。事实上广州可以展示的更多：大都市，时尚之都，历史文化名城，潮流和流行文化之都，最宜居（房价和生活气息浓郁的文化）和最适合创业的一线城市等。只要重视和系统推进这项工作，广州的城市形象会有明显提升，从而增强对青年人的吸引力。

3. 以为研学旅行为抓手让在校学生亲近广州的文化资源

市、区教育部门积极推动学校将研学旅行纳入教育教学计划，与综合实践活动课程、地方课程和校本课程统筹考虑，促进研学旅行和学校课程体系的有机融合，逐步探索建立小学阶段、初中阶段以乡土乡情为主、区情市情为主，高中阶段以省情国情为主的研学旅行活动课程体系。在精心打造研学实践精品线路，如"红色之旅"线路、"古韵之旅"线路、"绿色之旅"线路等之外，还应当着力强化以下环节的工作。一是费用承担，交通部门在能力许可范围内积极安排好运力，严格执行儿童票价优惠政策，文化广电旅游部门要对中小学生研学旅行实施门票减免政策。保险行业应提供并优化校方责任险、旅行社责任险等相关产品及服务，鼓励对投保费用实行优惠。二是落实安全责任，逐步建立行之有效的安全责任落实、事故处理、责任界定及纠纷处理机制。三是强化科学评价，将参加研学旅行的情况和成效，作为学校综合素质考评体系的重要内容。四是加强宣传引导。充分培育，挖掘和提炼先进典型经验。

（刘欢）

大湾区文化交流合作常态化机制研究

当前，世界多极化、经济全球化、社会信息化、文化多样化深入发展，全球治理体系和国际秩序变革加速推进，各国相互联系和依存日益加深，和平发展大势不可逆转，新一轮科技革命和产业变革蓄势待发，"一带一路"建设深入推进，为提升粤港澳大湾区国际竞争力、更高水平参与国际合作和竞争拓展了新空间。在新发展理念引领下，中国深入推进供给侧结构性改革，推动经济发展质量变革、效率变革、动力变革，为大湾区转型发展、创新发展注入了新活力。全面深化改革取得重大突破，国家治理体系和治理能力现代化水平明显提高，为创新大湾区合作发展体制机制、破解合作发展中的突出问题提供了新契机。

一、粤港澳大湾区发展面临诸多挑战

当前，世界经济不确定不稳定因素增多，保护主义倾向抬头，大湾区经济运行仍存在产能过剩、供给与需求结构不平衡不匹配等突出矛盾和问题，经济增长内生动力有待增强。在"一国两制"下，粤港澳社会制度不同，法律制度不同，分属于不同关税区域，市场互联互通水平有待进一步提升，生产要素高效便捷流动的良好局面尚未形成。大湾区内部发展差距依然较大，协同性、包容性有待加强，部分地区和领域还存在同质化竞争和资源错配现象。香港经济增长缺乏持续稳固支撑，澳门经济结构相对单一、发展资源有限，珠三角九市市场经济体制有待完善。区域发展空间面临瓶颈制约，资源能源约束趋紧，生态环境压力日益增大，人口红利逐步减退。

在文化发展方面，广州岭南文化底蕴深厚，但与国内外先进地区相比，对文化资源的挖掘不够，在内容、形式、业态方面创新不足，岭南文化的时代特征不明显，影响力和辐射力有待加强。文化产业总体规模偏小，在地区经济中比重与作用较弱，2017年全区文化产业增加值35.19亿元，占GDP比重3.04%。在文化产业结构中，传统批零与印刷制造占比偏大，动漫网游、新媒体、数字出版等新兴业态发展不足，产出效益不高。城区环境设施老旧落后，交通停车不便，公共配套不足等制约明显。产业发展、投融资等政策，以及推动文化有效发扬传承的体制机制尚需不断完善。

二、创新大湾区文化交流合作常态化机制

（一）传承创新岭南优秀传统文化，共塑湾区人文精神

岭南文化具有开放、创新、务实、包容、多元等特点，对岭南地区乃至全国的经济、社会发展起着积极的推动作用。广州荔湾是广府文化的发祥地，是岭南文化最集中、最具代表性地区之一。

1. 共同保护活化利用文化遗产

发挥岭南文化作为粤港澳共同文化基因的重要作用，加快建设一批文化遗产保护项目，推动岭南传统文化创造性转化、创新性发展。加强与港澳文化文物部门的沟通与合作，探索打造大湾区文物活化利用先行示范区，联合开展跨界重大文化遗产保护，合作举办各类文化遗产展览、展演活动，保护、宣传利用好湾区内文物古迹、世界文化遗产和非物质文化遗产。开展重大考古发掘和文物古迹保护工作，推进粤港澳等地海上丝绸之路重点史迹申报世界文化遗产工作。深入挖掘和系统整理南海海洋文化资源，加强对重要海洋文化遗产的保护和利用。推动广东水下文化遗产保护中心建设，加大深入挖掘和系统整理南海海洋文化资源，加强对重要海洋文化遗产的保护和利用。推动广东水下文化遗产保护中心建设，加大深圳大鹏所城、东莞虎门炮台、惠州平海古城、江门崖门炮台等明清海防遗存的保护与利用工作。加强粤港澳在弘扬岭南文化独特魅力方面的合作，推广广州永庆坊经验，加强历史文化街区和岭南特色建筑的挖掘利用。

2. 建设粤港澳大湾区文化遗产游径

深化粤港澳大湾区文化遗产游径的价值提炼和规划设计，指导各地文化遗产游径建设，打造海上丝绸之路、华侨华人、古驿道等9条富有特色的粤港澳大湾区文化遗产游径线路，推动与港澳步行径、历史文化街区结合，共同展示三地的包容性和岭南文化特质。延伸粤港澳大湾区文化遗产游径，发挥华南教育历史研学基地在推进粤港澳青少年爱国主义教育中的作用。

3. 支持大湾区建设高水平博物馆

推动大湾区博物馆领域交流常态化和粤港澳博物馆联盟建设，推进三地博物馆共建项目、合作策展和馆藏精品互借巡展，加强三地学术交流。支持广东省博物馆建设成为华南可移动文物保护修复中心。共同办好国际博物馆日主题活动，联合打造博物馆研学旅游线路。三地轮流举办博物馆专业论坛，组织粤港澳文物保护与修复专业培训班，推动三地文物保护人才队伍建设。围绕大湾区文化元素打造一批博物馆文创品牌，

4. 保护传承非物质文化遗产

联合港澳合作举办各类非物质文化遗产展览、展演活动，推动以粤剧、龙舟、武术、醒狮等为代表岭南非遗精品的保护、传承、体验、教育和创新，彰显独特文化魅力。举办广东非遗周活动，邀请香港、澳门及泛珠三角地区城市共同参与，举办非物质文化遗产保护交流会，邀请三地专家、学者和非遗传承人分享非遗保护传承的经验和方法，互学互鉴，推动三地非遗保护工作整体水平的提升，加强三地在粤剧传承发展的交流合作，在剧目创新、人才培养，技艺传承。演出市场等领城寻求新突破。合作举办"粤剧日""粤港澳粤剧群星会""经典粤剧大湾区巡演"等粤剧交流活动，展示粤港澳粤剧文化遗产保护成果，为三地粤剧艺员提供交流、互补和发展的重要平台。

（二）深入开展文化艺术交流，打造大湾区精品文艺品牌

1. 加强资源整合办好大湾区重点文化艺术活动

积板搭建以湾区主要城市为支撑点、覆盖粤港澳大湾区城市群的艺术展演和文化交流平台，整体打造粤港澳文化交流品牌。采用"一地为主，

三地联动"的方式举办粤港澳大湾区文化艺术节，提升粤港澳大湾区艺术精品巡演项目，整合粤港澳三地文化资源，展现三地以岭南文化为纽带、同根同源的人文内涵。合力办好大湾区大型专业艺术汇演、展会等活动，推出大型优秀舞台艺术新作，选拔推出一批高品质、高潜力的舞台艺术和视觉艺术新作，邀请港澳剧目、院团来粤参加广东省艺术节等大型艺术活动。

2. 打造彰显湾区特色的精品力作

以岭南传统文化资源、"一带一路"、大湾区建设、华侨文化等为主要内容，汇聚粤港澳优秀创作力量，规划创作一批反映大湾区历史人文风貌和携手建设发展的文艺精品，打造思想性、艺术性，观赏性俱佳的舞台精品力作，开展文艺理论和评论交流活动，加大对湾区内优秀文艺作品的宣传推介力度，扩大美誉度和影响力。

3. 协力开展艺术精品展演展示

提升打造广东国际青年音乐周、广东现代舞周、粤港澳水墨展、广州三年展等各艺术门类的重大品牌活动，提升粤港澳三地交流合作水平。在旅游定点演艺节目策划打造，特色艺术场馆与旅游景点的关联转换、个性化的文化艺术专题旅游线路设计等方面深入探索，做大做强旅游演艺市场。

（三）协力推进大湾区全域旅游建设，加快大湾区文化旅游产业高质量发展

1. 打造文化旅游产业交流平台

支持高水平办好中国（深圳）国际文化产业博览交易会，公共文化和旅游产品采购会，广东国际旅游产业博览会、广东旅游文化节等文旅展会活动，积极吸纳更多港澳文旅企业和团队参与，不断提升文旅展会活动影响力。支持各地文旅企业参加在港澳举办的文化旅游专业展览会展，借助港澳国际化平台推动优秀文化旅游企业走向世界。加快江门华侨华人文化交流合作重要平台建设，支持举办粤港澳大湾区华侨华人文化交流合作大会。

2. 支持文旅重点项目带动产业发展

深化文化创意产业合作，积极引进世界高培创意设计资源，促进文化科技融合发展，提升文化产业国际竞争力。支持各市布局建设一批文旅融合重大项目和产业园区，加快文化旅游融合发展。支持深圳市深港设计创意产业园、深港青年创新创业基地、前海深港青年梦工厂等项目建设；支持江门市挖掘开平碉楼文化内涵创建国家5A级景区，推进中信赤坎古镇、华侨城古劳水乡等龙头项目建设；支持佛山市宋城西樵山岭南千古情项目、顺德华侨城"欢乐海岸PLUS"项目等重点旅游项目建设；支持惠州市加快推进"粤港澳大湾区影视产业中心"规划与建设；支持肇庆市"府城保护与复兴"项目和肇庆新区"文旅古镇"项目；支持珠海市规划建设长隆海洋科学乐园等主题乐园以及《龙秀》等大型演艺项目创作，推动横琴创新方"狮门娱乐天地"等港澳投资文化旅游新业态项目建设。支持广州长隆旅游度假区、珠海横琴长隆国际海洋度假区、从化流溪温泉旅游度假区、巽寮湾滨海旅游度假区等省级旅游度假区创建国家级旅游度假区。

3. 构建大湾区多元旅游产品体系

推进乡村旅游提质升级，大力发展农家乐和乡村特色民宿，打造乡村旅游精品线路，推进乡村旅游连片示范建设。积极培育低空旅游，建设低空旅游示范基地，打造和推广低空旅游精品线路。支持文化旅游融合发展示范区建设，推动文化旅游演艺节目和文创旅游商品开发、旅游风情小镇建设，以及美食文化推广。加强统筹协调与规划，加快资源整合，促进产业融合，完善公共服务，支持珠三角城市全域旅游发展。指导推动深圳、珠海、中山、惠州等国家级全域旅游示范区创建单位加快建设，引导和支持肇庆、广州增城等一批省级全城旅游示范区创建单位创新思路、提升质量。

（孙蔷薇　陈钰娟）

第四章
岭南文化中心建设工程

▲ 粤港澳大湾区视域下广州建设岭南文化中心的思考

▲ 打造世界级西关历史文化旅游名片

▲ 打造粤港澳大湾区城市会客厅

▲ 把"珠江游"打造成世界级岭南文化品牌

粤港澳大湾区视域下广州建设岭南文化中心的思考

粤港澳大湾区在国家发展大局中具有重要战略地位，建设粤港澳大湾区，既是新时代推动形成全面开放新格局的新尝试，也是推动"一国两制"事业发展的新实践。《粤港澳大湾区发展规划纲要》指出"支持广州建设岭南文化中心和对外文化交流门户，扩大岭南文化的影响力和辐射力"。广州市也提出要"打造全球区域文化中心城市"，这是广州在新时代以新的作为大力推动社会主义文化繁荣兴盛、在粤港澳大湾区"人文湾区"中建设岭南文化中心和对外文化交流门户的战略部署。为此，要发挥广州在粤港澳大湾区中的文化引领优势，加强建设岭南文化中心，将广州打造为全球区域文化中心城市，促进人文湾区的建设，推动粤港澳大湾区文化融合发展。

一、广州在粤港澳大湾区建设中的文化引领优势

广州一直是珠江三角洲乃至整个华南地区的政治、经济、文化中心，具有岭南文化（特别是广府文化）中心地的区位优势，从古到今整个城市的发展都焕发着岭南文化的独特魅力，具有深厚的岭南文化底蕴，荟萃着岭南文化的精华。改革开放40年来，广州文化建设欣欣向荣，尤其是党的十八大以来，广州坚持以习近平新时代中国特色社会主义思想为指导，勇当"四个走在全国前列"排头兵，在提升文化软实力方面取得了可喜成绩。这些，都是广州在粤港澳大湾区建设中作为岭南文化中心地的优势所在，也是广州打造全球区域文化中心城市的基础。

改革开放40多年来广州文化建设所取得的成绩，有力地说明了广州在大湾区建设中的文化引领作用。2017年，广州市文化产业增加值约1100亿，约占全市GDP5.12%，成为了广州经济重要支柱性产业；2017年，广州人均文化消费为5040元，在全国一线城市中位居前列。2018年，广州文化产业增加值占GDP比重进一步提高，支柱性产业地位进一步提升。目前广州有影响的文化创意产业园区（基地）约60多个，其中国家级园区（基地）16个，省级园区（基地）10个。

第一，在市场主体方面，目前广州拥有文化创意类高新技术企业超过400家，全国互联网企业百强中广州占8席，其中网络游戏企业5家，位列全国第四。广州的文化产业力量很有优势，比如互联网龙头包括网易、腾讯微信、酷狗音乐、UC手机浏览器；文化旅游包括全国著名主题乐园（长隆等），广州自家"花城"这张闪亮名片；国产动漫包括喜羊羊与灰太狼、猪猪侠、巴啦啦小魔仙、快乐酷宝等，其中，广州动漫文化产业几乎占了每年广州文化产业的半壁江山。

第二，在文化产业交易方面，广州着力打造具有国际影响力的文化产业交易平台，并取得了可喜成绩。广州文化产业交易会（简称"文交会"）于2017年首次召开，整合六大平台打造文化"广交会"，实现了文化节展由单一专业性向综合性展会的转变。2018年广州文交会以"丝路文化、人文湾区、魅力广州"为主题，突出创新特色，涉及文化金融、文化科技、影视、非遗、动漫等11个板块，开展了天河峰会、艺博会、非遗展、演交会、文化金融论坛、VR/AR展览会、"金牛奖"文化创意大赛、优创合影国际电影展等18场主题活动，组织约150场精彩活动，来自60多个国家和地区的2.5万件原创艺术品、近千部演艺产品参加展示，300多名世界知名文化产业人士参加了高峰论坛等活动，推进了一批重大项目的签约，累计意向签约126亿元，文交会各节展直接成交22亿元，吸引100多万人次参与各项活动，线上阅读量达2000多万。广州国际纪录片节在全国率先开辟了方案预售的营销模式，每年都会向全球征集纪录片预售方案，在市场活动环节中进行国际预售，14年来有一百多部纪录片预售提案在活动中赢得了国际联合制作融资或引荐的机会，"中国题材"开始借广州国

城市文化综合实力

第四章 岭南文化中心建设工程

际纪录片节这一平台，成批走向国际市场，实现了文化"走出去"。

第三，在文化"走出去"方面，广州文艺作品持续在国际舞台上发出中国的声音。近年来，广州动漫"喜羊羊与灰太狼"、"猪猪侠"、"开心超人"、绿怪文化"绿怪娘"、虹猫蓝兔动漫"疾风劲射"、启鸣动漫"鲁咖帝"等在香港国际授权展上大受欢迎。广州话剧《复活》《邯郸记》等赴俄罗斯和匈牙利演出；广州歌舞剧院受邀赴意大利演出歌舞《魅力岭南》；广州杂技剧院受邀赴韩国演出武侠杂技剧《笑傲江湖》29场。广州雕塑也成功实现"走出去"，许鸿飞个人雕塑世界巡展在三年多时间相继走过五大洲11个国家，等等。

第四，在公共文化服务方面，2017年底，广州已有市级图书馆2座，区级图书馆已经有11座，其中，国家一级馆12个（南沙是二级）。城市公共图书馆的总建筑面积达34.64万平方米，全市的藏书量达到2165.21万册，投入到公共图书馆的总经费达到46218.09万元，其中购书经费占12164.78万元，投入图书馆的工作人员一共1245名。与2007年相比，十年来广州图书馆建筑面积增长287.35%，藏书量增长了148.02%，经费投入增长了561.68%，购书经费增长了556.14%。目前，广州市民平均每9.3万人拥有一座图书馆，平均每人拥有1.49册图书[①]。

二、广州文化建设存在的问题

虽然改革开放40多年来广州文化建设取得了可喜成绩，但也存在一些问题，主要有以下四个方面。

（一）公共文化存量资源利用率不够高

虽然目前广州市公共图书馆总建筑面积在全国城市中位居第二，但全市存量的文化资源并没有得到很好的开发利用，例如广州大学城十所高校云集，但大学图书馆之间的互借功能仍障碍重重，大多只供在校师生享

---

① 黄宙辉.2017年广州市文化产指约1100亿 占全市GDP5%[N].羊城晚报，2018—9—2.

用。公共图书馆、博物馆的教育功能仍有待进一步挖掘和利用，等等。不少资源闲置或利用效率低，没有发挥其应有的作用。

（二）文化消费持续增长，但文化生产能力有待加强

广州近年来文化消费持续增长。2016年，广州人均观影次数为3.64次，已达欧美发达国家的水平。另外，广州的图书消费也很强劲。而在十年书香50城的统计中，广州包揽了冠军宝座。但是，虽然广州的文化消费保持强劲势头，但文化生产能力却与其不相匹配。统计数据显示，广州2015年全年发行电影394部，但自身只拍摄了3部电影。从出版业来看，在新媒体的冲击下，广州纸质报纸的销量大幅减少，而引以为豪的媒体中心也受到较大挑战。

（三）广州文化的国际影响力和辐射力有待进一步提升

广府文化在全国本有很大的影响力，尤其是在20世纪80年代和90年代，广东作为改革开放前沿地，流行文化率先得到发展，广府文化的影响力曾一度达到顶峰，粤语歌、广东影视等成为全国人民竞相传唱和追逐的娱乐形式。而广府文化在国际上也有较大影响力，粤语和岭南文化在海外影响巨大。但是，随着中国各地整体对外贸易的成长，广州不再是对外联系的唯一窗口，因此，广府文化也不再成一家独大的海外文化，而且随着改革开放的深入推进，中国其他地方的大众文化也开始快速发展，广府文化的影响力受到挑战。在对外宣传方面，广州文化的传播力也有待进一步加强。

（四）文化产业中高端人才缺乏

广州文化产业从兴起到快速发展已经有二十多年了，但理论研究相对滞后，文化产业和高校的合作机制没有很好建立起来。文化产业目前面临人才总量不足、结构失衡、管理不善等问题，迫切需要一大批既懂文化又懂经营的复合型高级人才，迫切需要创新文化管理和人才培养的体制机制。

三、对策建议

2018年10月，习近平总书记到广州考察，专门考察了荔湾区西关历史文化街区永庆坊和粤剧艺术博物馆，并对广州的文化传承与发展提出了要求。因此，在粤港澳大湾区建设中，广州要发挥岭南文化中心地的优势，以习近平总书记视察广东重要讲话精神为文化发展的指导思想，推动广州文化出新出彩，成为粤港澳大湾区核心增长极的文化引领，在共建人文湾区中发挥广州的核心枢纽作用，建设岭南文化中心，打造全球区域文化中心城市。

（一）探索在广州建立"粤港澳文化融合创新发展实验区"，在共建粤港澳"人文湾区"中发挥广州的核心枢纽作用

"人文湾区"是中央关于粤港澳大湾区建设提出的要求，包含了"以人为本""以文化人"的内涵，是对人的尊重与关怀，推进人与自然、人与社会、人与人、文明与文明之间的和谐发展。广州一直是珠江三角洲乃至整个华南地区的政治、经济、文化中心，具有岭南文化（特别是广府文化）中心地的区位优势，从古到今广州都很好地继承和发展岭南文化，具有深厚的文化底蕴，焕发着岭南文化的独特魅力。因此，在共建"人文湾区"中，广州要发挥岭南文化中心地的优势，成为粤港澳大湾区核心增长极的文化引领，可争取在广州建立 "粤港澳文化融合创新发展实验区"。争取国家赋权先行先试，在试验区内突破行政区域壁垒和体制限制，通过构建穗港澳三方政府、产业主体（产业界、行业协会、专业机构等）、高校及智库科研机构及社会组织的协调机制，以"飞地"等多种形式创新公共文化产品供给模式，提升供给效率。在实验区内有序放开港澳资本投资文化产业经营限制和文化产品进口限制，鼓励港澳电影、舞台剧、出版业、新媒体、体育等产业来内地发展及联合举办国际性的文化交流交易活动。

（二）寻求制度创新，促进"湾民"文化认同，强化"大广州"作为全球岭南文化区域枢纽的国际地位

随着广深港高铁和港珠澳大桥的开通，便利的交通将促进大湾区城市间更紧密的联系，湾区各城市的市民对于"湾民"的身份认同也需要提上政策议程。而要实现"湾民"的身份认同，关键在于实现文化认同。粤港澳具有地域相近、文脉相亲的优势，因此，要创新大湾区"湾民"的管理模式，深化粤港澳跨境跨城合作，以"大广州"和香港为主体，共同形成一种以岭南文化为联结纽带的湾区文化合力，促进大湾区对于岭南文化和中华文化的文化认同。"大广州"应作为一个包括广州和佛山中心城区在内的岭南文化核心覆盖地域，对接和强化"广佛核心都市区"，以此作为岭南文化枢纽，并提升广州的国际地位。

在湾区制度创新和文化认同上，一是可以面对民生实施统一的ID管理，使"湾民"或外来人口可以接受当地的社会和文化福利，增强认同感；二是以"服务湾民"为原则，实现跨制度的资源整合，建立跨制度的空间共同体和高品质的一体化生活空间，合作举办各种文化展览、展演、文化交流、文化遗产保护等活动，例如利用穗港电影产业资源丰富的优势，由广州和香港共同举办国际级的"岭南电影节"，使得"湾民"能享有跨境跨城的文化共享服务，强化"湾民"对于岭南文化、中华文明的文化认同和文化自信。

（三）构建在湾区乃至国际上有竞争力的文化产业带

在粤港澳大湾区的文化产业协同发展中，广州应以数字技术为引领，以"互联网+"为支撑，以新型创意为核心，大力发展文化新业态，加快"文化制造"向"文化创造""文化创新"转变。为此，加强全市文化产业建设的总体规划和布局，打造国际时尚创意产业高地和新媒体发展中心。

一是立足粤港澳大湾区文化金融创新基础，在广州建立"国家文化金融合作试验区"，建立粤港澳大湾区文化服务联盟，设立湾区文化产业协同发展专项资金，发展文化商业银行、文化互助担保服务、文化交易所、文化金融中介等，协同促进文化与金融融合发展，促进外汇管理便利化，推动文化产业跨境投融资和"走出去"，提高文化金融国际化水平。

二是主推动漫产业和网络游戏产业，实现优势互补、错位发展。香港、澳门和深圳的文化产业优势分别为国际会展和影视、现代演艺、数字创意，而广州的优势在于文化软件和文化旅游，尤其是在动漫产业和网络游戏产业方面，广州具有明显的优势。广州具有喜羊羊、奥飞动漫等著名动漫品牌，在网络游戏产业方面更是全国的游戏产业重镇。目前，中国的网络游戏收入已占据全球游戏收入的23%，其中广东省的游戏收入占国内游戏收入超过70%，占据了全国游戏产业的高地；广州和中山则成为广东乃至全国的游戏产业重镇。因此，应大力发挥广州在动漫和网游产业方面的优势，打造动漫游戏产业之都，加强动漫产业、网游产业"一带一路"国际合作，培育一批具有国际竞争力的文化企业。而在文化旅游方面，广州近年来一直占据粤港澳大湾区广东9市旅游收入排名的首位，在文化旅游方面也是优势明显，可以在与湾区内其他城市旅游资源整合的基础上，进一步优化广州的旅游环境、人居环境和配套设施建设，并将广州动漫、网游产品与广州文化旅游结合起来进行推广，创新旅游产品、旅游服务，做强做大动漫、网游和文化旅游等优势产业，强化广州在大湾区的文化旅游产业引领作用。

三是在广州建立"对外文化贸易先行区"。广州应抓住建设粤港澳大湾区的契机，建立国家级的"对外文化贸易先行区"或"对外文化贸易基地"，加快文化产品、服务和文化企业的走出去步伐，加快发展对外文化贸易，提升广州文化产业国际竞争力。鼓励企业在境外开展文化产业投资，提高文化品牌内涵，突出"广州制造"和"岭南文化"理念。拓宽文化产品和文化服务走出渠道，鼓励文化企业参加国际重要文化活动、展会，提升广州展会的国际化水平。搭建文化会展交易平台，做强做大广州文化产业交易会，把广州建设成为全国乃至全球文化会展中心。发挥南沙自贸区、白云空港综合保税区的政策优势，积极发展文化产品跨境电子商务，打造世界知名文化品牌商品展示、批发、零售中心。四是以高端内容创作、创意设计、数字文化等人才为重点，加大对文化产业人才的培养和扶持力度，为广州培育全球文化创意设计之城和文化产业发展提供人才支撑。

（四）打造彰显岭南文化影响力的地标建筑群

在中心城区的布局和历史城区、历史文化名镇名村、历史风貌区的保护上，注意将建设城市文化生态与提升城市形象结合、将岭南文化内涵与时尚元素相结合、促进城市景观与城市文化功能相匹配。重点推动动漫游戏中心、艺术品交易中心、版权交易中心、文化金融服务中心、影视基地、非遗传承中心、音乐基地、演艺精品工程、国家广告产业园、珠江国际慢岛（长洲岛）一江两岸文化产业带等重点项目建设，打造一批文化特色小镇。

第一，进一步打造荔湾岭南文化风情区。荔湾区永庆坊经过改造后已成为具有岭南风情的历史文化街区，集骑楼街、西关大屋、名人祖居、传统文化与时尚元素于一体，下一步可考虑发挥整合相关资源，在荔湾区打造"三家巷·西关大屋"景区，将欧阳山小说《三家巷》中描述的西关大屋、岭南民俗如乞巧节等都有机融合，进一步保护、开发老城区的历史文化资源。

第二，在越秀区规划建设"东山大少·东山洋房"旅游风情带，以及利用沙面西式建筑集中的特点，打造沙面"欧风美雨"风情带，使其与荔湾区西关大屋风情带一起，形成广州旧城改造的亮点，在城市文化生态上注意突出规划的整体性和文化的延续性，避免在旧城改造或新城发展过程中出现传统与现代之间的"文化断裂"或者各自为政的"文化碎片"。

第三，围绕旧"十三行"商圈、北京路文化区、西关风情区、骑楼保护区、侨房保护区等历史文化遗存，加强骑楼、西关大屋、东山洋房等历史风貌建筑的保护开发，实施历史文化街区保护建设工程，完善历史文化名城保护体系，重现广州"千年商都"的历史风韵和遗存。全力推进第一批国家级文化产业示范园区（北京路文化核心区）创建，争取在2019年建成国内领先，具有示范带动作用的国家级文化产业示范园区。通过深度挖掘广州各区的历史和文化，赋予岭南文化鲜活的时代特征，打造多条不同特色的、探寻古代文明和近现代文明的文化旅游线路，例如"先烈路·红色文化""黄埔港·海丝文化""海心沙·时尚文化"等路线，通过旅游开发实现文化遗产的传承和保护，实现传统文化的创造性转化和创新性发展。

（五）促进岭南文化的"创造性转化、创新性发展"

通过政策和资源供给，支持弘扬以粤剧、三雕一彩一绣、武术、醒狮等为代表的岭南文化，实现岭南文化的"创造性转化、创新性发展"。面对粤剧粤曲和"三雕一彩一绣"等面临的发展困境，鼓励院团和传承人挖掘自身特色资源，创新文化产品和服务内容，努力寻求以新的表现形式弘扬传统艺术，在剧目创作、舞台表现、运营方式、宣传形式上有新的理念和新的措施，切实提高精品剧目的市场适应力。打造一批具有岭南传统习俗的特色文化社区，培养各种岭南艺术的民间传人，让那些具有岭南特色的优秀民俗文化成为现代都市生活的重要元素，营造弘扬岭南文化的人文氛围和建设城市文化生态的群众基础。

一是全景展示"广州品牌"。围绕中国梦、核心价值观、岭南文化、商都文化、红色文化等主题，深度融合广州历史文化遗产，通过多种途径和手段，突出开展重大主题宣传，推出一批震撼社会、触动心灵的精品力作，扩大历史文化名城、红色广州、千年商都等文化品牌的影响力。

二是做大"文化广州"名片。下大力办好"南国书香节暨羊城书展"，办好广州国际纪录片节、国际漫画节、国际粤剧节等大型文化活动，支持岭南书画节、星海艺术节等地方特色文化活动，提升广府庙会、广州民俗文化节暨黄埔"波罗诞"千年庙会等民俗文化活动品牌的影响力，营造"书香羊城"品牌。可考虑在广州举办国际电影节，扩大南派影视的影响力。

三是做强"红色广州"名片。广州作为近现代革命的发祥地，红色旅游资源具有得天独厚的优势，要充分开发和利用好革命历史类纪念设施、遗址和各类爱国主义教育示范基地等红色资源，宣传爱国爱民情怀、弘扬红色传统、传承红色基因，着力打造"红色广州"名片。

（六）以人为本推进文化建设，促使各项成果真正普惠于民

围绕文化软实力建设的各项政策举措其出发点和落脚点最终都必须回归到人文关怀，塑造人文精神。首先要继续推进学习型社会建设，营造全民学习、终身学习的社会氛围。扎实推进社会主义核心价值观和"文明广州"系列主题活动。广泛开展各类群众性精神文明创建活动。抓好提高市民综合文化素质和思想道德水平的综合性工程，努力提高全市人民的思想道德素质和科学文化素质，加强道德素养、法治观念、诚信意识和现代公民人格养成。

其次要建设"互联网+文化"智慧城市，打造全国数字文化产业新高地。基于大数据、云计算、物联网等新技术，推进数字化家庭、数字化社区、数字化图书馆、数字化博物馆、数字化美术馆等数字化文化网络建设，构建标准统一、互联互通的公共数字文化服务平台，打通公共文化服务通道，为人民群众提供更便利、更快捷的公共文化服务。

再次是完善各类群众文化供给设施，推动全民阅读，将实体书店纳入城市文化基础设施规划。推动实体书店向城市文化空间和平台的新定位拓进，把书店打造成为新业态、新空间、新体验的城市文化高地和公共文化空间。开展多元化经营，探索"书店+"模式，采用"书店+美术馆""书店+展览""书店+旅游""书店+餐饮"等形式，实现书店与相关产业的融合发展。引导社会力量投资兴办剧场、博物馆、美术馆、文化产业园区等文化产业基础设施。把解决城乡之间图书产品供给不平衡不充分作为一项重要任务，积极推进农村和基层群众开展阅读，满足他们的精神文化需求，持续开展各类公益文化活动，让全体人民都能享受公共文化服务，营造更"有文化"的生活方式。

最后，要不断优化吸引内地及港澳、国际优秀人才的政策，提升教育、医疗、卫生、住房、交通等综合服务配套的能力，增强来穗人员的获得感、归属感和融入感，形成"不辞长作岭南人"的认同标签。

（温朝霞）

打造世界级西关历史文化旅游名片

2018年，习近平总书记视察广东时要求广州要实现老城市新活力，在综合城市功能、城市文化综合实力、现代服务、现代化国际营商环境方面出新出彩。期间习近平总书记亲临广州市荔湾区永庆坊和粤剧艺术博物馆视察，并指出："城市规划和建设要高度重视历史文化保护，不急功近利，不大拆大建，要突出地方特色，注重人居环境改善，更多采用微改造这种'绣花'功夫，注重文明传承、文化延续，让城市留下记忆，让人们记住乡愁。"打造世界级西关历史文化旅游名片，是广州打造社会主义文化强国城市范例，努力建设世界历史文化名城和世界旅游名城的重要组成部分。

广州具有2200余年的建城史，是我国海上丝绸之路的发祥地，岭南文化的中心地，两千余年的中华传统文化与现代文化融合发展形成了特色鲜明的广府文化。西关是广府文化的发源地之一，西关风格独特建筑群集聚的历史文化街区，是广州宝贵的历史文化遗产。如何利用好这些宝贵资源，向世界展现南国千年商都的文化魅力和中华文化综合实力新风采，这是新时期广州人所面临的重要历史使命和重要课题。

一、西关历史文化街区活化利用现状及存在问题

2015年，荔湾区政府将永庆坊片区作为恩宁路历史文化街区项目的改造试点，先行先试，探索出一套旧城更新的新路径。项目按照"政府主导、企业承办、居民参与"的形式实施修缮维护，通过公开招商引入企业建设并运营。

（一）项目概况

永庆坊位于广州市荔湾区西关核心区，东接上下九步行街，有广州保存最为完整的骑楼建筑群，周边有李小龙祖居、詹天佑纪念馆、八和会馆、銮舆堂、宝庆大押等极具历史特色的建筑。粤剧、武术、醒狮、中医、印章雕刻、剪纸、西关打铜、广彩、广绣等传统文化和民间手工艺曾在此集聚发展并发扬光大。

永庆坊一期项目按照修旧如旧原则，对有价值有特色的建筑进行维护修缮，保留原有街巷肌理，升级改造原有社区建筑功能，进行产业更新活化，导入创客空间、文化创意、教育等产业，自2016年9月完工并投入运营以来，已成为全国关注的特色街区、广州老城新景区、年轻人聚集的活力区。永庆坊二期项目的骑楼段、示范段已于2019年国庆前完成建设并对外开放，整体保留骑楼街风貌，恢复一河两岸景观。后续计划导入非遗文化展示、创意办公、餐饮民宿和商业配套等四大业态，提升历史文化街区活化水平，振兴老城活力。项目的微改造模式，在全国受到了广泛关注，为全国历史文化街区保护项目提供了宝贵经验。

（二）存在问题

成效有目共睹，但是通过调研，课题组认为，作为恩宁路历史文化街区改造试点的永庆坊片区，在保护利用及开发运营过程中，也存在一些短板和困难，距离世界级文化旅游名片尚有差距。

1. 市层面统筹协调机制不完善

2015年成立的市文物管理和历史文化名城保护委员会，主要研究文物保护和规划，重在古城文物建筑形态，2017年荔湾区成立了传统文化商旅活化提升区建设领导小组研究西关历史文化街区文化旅游产业等重大问题，但缺乏对应的市级统筹议事协调机制；文化旅游产业招商工作在更新改造阶段前期介入不深，缺乏对活化利用的前瞻性规划。

2. 环境改造提升和项目引进难度大、见效慢

老旧片区集中了大量历史建筑，布局狭窄、危破房多，受固有建筑布局和功能影响，街区疏散通道、建筑间距、消防车道等难以满足现行消防规范要求，建筑物改造也涉及规划、报建、消防、环保、治安、市政等系

列问题，需协调多个政府部门，操作流程复杂，永庆坊改造施工建设和文旅项目引进偏慢，恩宁涌等河涌水体黑臭现象未得到有效整治。

3. 开发规模较小，没有形成文化旅游产业聚集效应

永庆坊一期已改造的范围只有一条街两条巷，占地面积只有约8000平方米，李小龙故居、粤剧艺人会馆堂所等面积不大，文创产品店、民宿、餐饮点不多，可以吸引游客长久驻足的地方不多；恩宁路骑楼沿街商铺以传统服务业为主，文化色彩不浓厚，经营品质有待提升；文化创意旅游市场总量不大，产业集聚效应不明显，尚未构建起结构合理、富有自主创意和核心竞争力的文化产业。调研期间，或受疫情影响，街区内游客寥寥无几，与初期成为网红打卡地的火爆场面相距甚远。

4. 公共交通不便，停车难问题突出

永庆坊历史文化街区地处荔湾老城区，附近道路狭窄，多单行线，公交车和地铁等公共交通距离街区入口较远；停车场少，且规模小，远远不能满足附近居民和游客停车需求；小车停车位、旅游大巴停靠点不足，缺乏与周边景区多元化交通联动，这些问题都制约着永庆坊文化旅游事业的发展。

5. 文化活动品牌不突出，宣传推介力度不足

市、区文广旅及宣传部门对如何打造永庆坊文化旅游品牌、提升永庆坊在国内外知名度和影响力缺乏统筹指导；运营团队偏重于商业开发，对于如何打造历史街区文化品牌思考不足，对文化地标打造力度不够；传统文化活化缺乏有效载体，未能有效利用粤剧、醒狮、三雕一彩等非遗项目宝贵资源，缺乏体现深厚历史文化的有影响力的特色主题活动，传统文化艺术和新时代新媒体创意结合还不够。

三、西关历史文化街区焕发新活力的对策建议

如何突破瓶颈、补齐短板，打造永庆坊特色文化IP，以点带面，把西关历史文化街区打造为历史文化底蕴深厚、岭南特色鲜明的世界文化旅游名片，经过调研和认真研究讨论，课题组提出以下对策建议：

（一）强化政策支持和引导，推动历史文化街区改造利用

一是以习近平新时代中国特色社会主义思想为统领，深入学习贯彻习近平总书记对广东提出的四个走在前列和四个出新出彩精神，充分凝集各方力量，强化各部门协调，整合传统历史文化旅游资源，切实把打造西关历史文化街区世界级文化名片工作提到日程上来。在市文物管理和历史文化名城保护委员会基础上成立市级工作领导小组，以市长为组长，增设分管文化、旅游、产业的副市长为副组长，市直各相关部门为成员单位，市文化旅游部门为牵头单位，荔湾区政府为责任单位，不定期召开联席会议，研究制定推进西关历史街区世界级文化旅游名片建设的中长期计划、产业规划，协调解决各类重大问题。

二是进一步加强政府引导和政策支持力度。加快文化产业创新、制定产业扶持政策和文化精品激励政策，搭建投融资平台，设立扶持资金，大力扶持培育孵化龙头和中小微企业；成立联合服务平台，简化优化审批程序，加快推进精品民宿、文化展览、旅游演艺、文创设计产业落地；及时调整制定有关规划、土地、产权、置换、财税、产业扶持、建筑保护、消防、企业落户等诸多领域相关政策，为活化提升建设推进提供有力的支撑保障；

三是进一步深化公众参与的治理模式。市—区—社区三级联动，充分发挥广州地区高校、科研院所专业资源，搭建"政府主导、专家领衔、公众参与"的社区治理平台，健全共商共议、共治共管、共建共享机制，广泛吸引人民群众更深入主动参与历史文化的保护与利用。

（二）构筑西关历史文化街区活化提升总体格局

一是统筹规划，对西关建筑群进行整体保护。秉承"保留、传承、创新"的理念，让老建筑重新焕发光彩，重现西关昔日繁华风貌。开发中可采取政府搭台，企业与居民参与，鼓励原住民参与开发。商业开发必须与西关文化街区的景观相协调、与历史文化内涵一致，摈弃与历史文化不协调的商业项目，使文化产业迈上一个新台阶，真正做到文、旅、商自然融合，相得益彰，形成可持续发展的良好局面。

二是以文化活化为核心，结合城区更新优化，通盘统筹散落的历史文

化资源，打造文化集群区，发挥历史文化资源整合的集聚效应。以永庆坊为轴，统筹规划荔枝湾、恩宁路至沙面等相邻历史街区的文化展示、创意、体验特色、内容功能、运营管理体制等，构建点线面有机融合的特色文化展示体系。坚持科技创新驱动，引入文化创意产业和新功能，建设科技孵化器和众创空间，展示、体验老西关文化和当代城市文艺空间。

三是整合周边旅游资源，打造旅游节点和标志，强化高等级旅游资源辐射能力，带动片区发展。结合历史文化景观与特色商贸资源，推进荔枝湾、上下九、永庆坊等创建国家4A级旅游景区，形成国家级景区集群；完善旅游服务设施，利用西关大屋等历史建筑，打造一批具有西关历史风情的精品民宿，引进岭南特色美食，擦亮"食在广州"的金字招牌；在恩宁路、永庆坊设置游客服务中心，设置旅游门户地标，完善旅游标识系统，营造区域整体文化旅游形象氛围，提升旅游品牌形象。

四是完善区域旅游商业交通体系，合理规划建设停车场及交通接驳系统，完善片区之间的路网建设；运用互联网、大数据等技术，建设实时交通动态调度管理平台，充分有效利用区域内交通资源，疏缓交通停车难题。近期优化永庆坊周边公共交通线路，精准设置公交站点，远期研究地铁线路规划永庆坊站点可行性，鼓励和引导建设地下停车场解决停车难问题，建设旅游巴士上下车港湾。打造慢行交通及观光步行网络，包括以龙津路、恩宁路、十甫路、上下九、人民路围合成的世界最长骑楼街、荔湾湖与荔枝湾水系畅游径、通过传统街巷串联景点的慢行观光步道、新型旅游观光车和自行车道，引入社会力量开发特色环保的旅游交通工具，配套建设旅游服务驿站。

五是加大荔枝湾、恩宁路片区历史文化街区微改造规模，提升恩宁路骑楼街道空间格局，鼓励骑楼建筑多功能混合使用，推动骑楼建筑产业升级，实现骑楼街面貌和功能的整体提升；打造荔枝湾涌、恩宁路骑楼、永庆坊百年古巷和荔湾湖水幕灯光秀等夜景景观；推进对恩宁涌历史水系的修复与整治，完善地区水生态环境安全格局，结合绿化景观优化，提升恩宁涌公共开放水岸空间。

（三）文化引领，产业升级、打造世界文化旅游新地标

一是文化和旅游部门发挥引领，在城市更新改造前期研究阶段提前介入，充分研究文化产业引进和旅游产品开发，在历史文化街区打造和运营中持续做好统筹指导，策划西关文化主题活动，搭建对外文化交流平台，营造西关国际文化品牌。

二是活化利用街区内历史建筑，打造非遗展示和文化传承场所，举办粤菜美食节、粤剧粤曲节、非遗文化艺术节等专题活动，充分展示粤菜、粤剧、粤曲、舞狮、讲古、海丝文化、三雕一彩一秀非物质遗产等文化；利用春茗、早茶、花市等岭南特色民俗节庆，设计寻根之旅、追忆乡愁等主题活动，充分吸引海内外华人参与岭南历史文化传播、文化体验和文化保护。

三是打造文化惠民基地。活化利用西关丰富的岭南非遗资源和文化资源，以非遗大师工作室、钟书阁等为依托，建设以非遗、文学、文化直播为主题的优秀传统文化惠民基地，结合周边如粤剧、舞狮等非遗资源，开设面向不同年龄段的文化教育课堂，推动传统文化的传播和传承；创新民俗活动和文化活动的举办形式，邀请海内外名家、文艺界大师、非遗传承人创作让人心神激荡向往的主题性、特色性文化作品、演艺精品，打出广州品牌，提升吸引力；邀请具有知名度的文化、艺术团体进驻坊间进行路演，增加互动环节，营造热烈氛围；策划具有影响力和感染力的社区活动，利用文物建筑，定期举办文化活动，提升社区的凝聚力，更好地服务人民群众日益增长的文化生活需要。

四是聚焦岭南文化的挖掘、传承、展示、发扬和创新，吸引高端文创设计机构进驻，在活化空间的同时，提炼永庆坊的特色文化符号作为创意元素，以名人故事、西关历史、非遗文化等为题材设计出富有文化内涵又符合现代人审美的文创产品，加强文化传播力度；丰富传统老字号和传统手工艺品制作工艺展示，满足游客体验需求的同时提高传统手工艺品的纪念价值。

（四）加强宣传推广，扩大国际影响力

一是引入国内外高水平有经验的专业团队，围绕西关文化的核心要素，明确定位，系统策划，精准包装，擦亮品牌。要深层次挖掘与每栋建筑，每个景点相关历史文献、资料，讲好每一个故事，使每一栋建筑、每一个景点都有深刻的内涵，都有活的灵魂，都有它传承的价值，向世界推广传播西关特有的历史文化底蕴，讲好西关故事。

二是通过政府网站、专题推介会、纸媒、电视、微信、抖音、地铁公交电子传媒屏广告等各类传统和新型传媒平台，多渠道、全方位广泛宣传，发动专家讲、明星讲、通过创作拍摄影视作品、歌曲，网红直播、明星互动等多种形式灵活宣传，营造全员宣传全域宣传的氛围，切实将西关历史文化街区特色名片推广到海内外，提升国际影响力和知名度，助力打造世界级文化名片和旅游名片。

（郑小丽）

打造粤港澳大湾区城市会客厅

广州是我国第一批公布的国家级历史文化名城，具有2200多年的建城历史，历史文化资源丰富、文物和文化古迹众多，文化积淀深厚。《粤港澳大湾区发展规划纲要》提出"支持广州建设'岭南文化中心和对外文化交流门户'"，非常重视和支持广州的文化品牌建设。广州市荔湾区作为岭南文化中心地的窗口，是岭南文化的重要根脉所在。位于荔湾区的沙面，坐落在白鹅潭畔，是一个历史蕴涵丰富、富有异国情调、风光旖旎、十分迷人的地方。在新时代，广州要建设"岭南文化中心和对外文化交流门户"，可考虑将沙面打造为广州乃至粤港澳大湾区的城市会客厅，展示传统文化与现代文化、东方文化与西方文化的交融与发展，实现欧陆建筑、风格欣赏与自然风光游览的有机结合，成为广州文化出新出彩的亮丽风景线。

一、沙面的基本概况及主要特点

沙面是荔湾区珠江白鹅潭北岸边的一个面积为0.3平方公里的椭圆形小岛，东接沿江西路，西邻黄沙，南临白鹅潭，北至沙基涌。据档案资料记载，沙面原本不是岛，是珠江冲积而成的沙洲。这里曾作为广州的城防要塞，设有炮台，重创过英国入侵者的舰队。成岛并被称作"沙面"是19世纪中叶以后的事情，距今已一百四十多年了。

整岛设沙面街道办事处，下辖一个翠洲社区居委会，共有户籍居民4547人，常住户籍1012户，常住人口2100人。岛内注册登记机团企事业单位约180家，波兰驻广州总领馆、朝鲜商务处、广东省礼宾府、广东海关分署、广药集团、国药器械、白天鹅宾馆等均设于此处。

沙面岛的主要特点和资源优势有：

（一）历史文化底蕴深厚，是对外开放的先行地

沙面曾是广州海上交通的门户、对外通商的要津。唐代建"津亭"，明代建"华节亭"管理对外贸易，是华洋商船的重要码头。直到18世纪清朝乾隆期间，清政府在十三行建起"夷馆"以后，沙面才结束了它接待外商要地的历史。

沙面在清代还是广州城的江防要塞，乾隆年间在这里设有西炮台，扼守着广州城的西南面。第一次鸦片战争期间，此地曾发生过抗英激战。1841年5月21日，四川省提督张必禄指挥川军，和以陈棠为首的西关丝织工人、以颜浩长为首的怀清学社义勇军联合向盘踞在白鹅潭的英军舰队展开全面攻击。由于准备欠周，攻击很快失败，只得退守到沙面的西炮台坚持战斗。他们以火炮猛烈轰击英舰，前后击毁英舰两艘、击伤三艘。经过22日至24日三天的战斗，重创英舰队。25日又分兵迎击自四方炮台来袭的英军陆战队，直至弹药用尽，始行撤退。血战西炮台写下了广州人民在第一次鸦片战争中可歌可泣的历史。

沙面因其特殊优越的地理位置和得天独厚的自然、人文环境，19世纪中叶以后被英法殖民主义者看中，辟为租界，大兴土木，成为驻穗外国人的乐园，近百年后，才被重新置于人民政府的管辖之下。在沙面租界内，美国于1920年增设的慎昌洋行广州分行，其业务范围甚为广泛，连中国南部矿产的开采机器，该分行也能完全承办；美商德士古火油公司从日本三井洋行手中收回代理权，以更大规模侵入广州；而英国根据在巴黎和会上签订的"凡尔赛和约"条款，将沙面德国财产移交给英国，相继在沙面增设了多家洋行，以加强对广州地区出口贸易的控制，老牌英商怡和和太古洋行也有不同的扩张。但是沙面租界地方狭窄，已不能满足洋商在中国这一南大门发展贸易的需要。因此，不少外国的银行、洋行、教会学校等都设在沙基、长堤一带，使这一带成为沙面租界的伸延。沙面租界除了对西堤、长堤、人民南一带影响较大之外，对广州西关的城市化进程亦影响较大。十三洋行及租界都坐落在西关，洋行买办多在珠江边活动，他们在西关建房定居，在当年的下西关涌郊区、下九路、第十甫、十八甫、十五

甫、荔枝湾一带选择地方建住宅，在同治、光绪年间这一带已发展成有街有市的住宅区。这些具有时代特色的豪宅分布在多宝路、宝华街等地，属西关大屋的建筑形式。

沙面作为中国对外开放的先行地，历经百年，先后有10多个国家在沙面设立领事馆，9家外国银行、40多家洋行在沙面经营。沙面见证了广州近代史的变迁，留下了孙中山先生、周恩来总理等伟人的足迹，是我国近代史与租界史的缩影。1983年春天，一只卓然而立的"白天鹅"在沙面岛南边冲天而起。这座中外合作建成的内地第一家五星级酒店，被誉为"改革开放地标"的白天鹅宾馆，为当时的广州人，甚至是中国人打开了一扇看世界的窗。改革开放总设计师邓小平同志先后三次到访沙面，多年来沙面共接待包括英女王伊丽莎白二世在内的40多个国家的150多位元首和政府首脑。岛内现有广东省外事博物馆、沙面历史文化展览馆、白天鹅历史陈列馆等多个文化展示场馆，共同构成了展示沙面丰富多元文化体系的窗口。2017年1月，十三行、沙面入选"广东十大海上丝绸之路文化地理坐标"。

（二）沙面是广州首批历史文化名街，其欧陆式建筑群独具特色

沙面租界自1861年开始建设到1941年太平洋战争爆发这段时间，正是欧美资本主义文化及社会发生深刻变革的时期。工业化大生产不仅只是一种物质生产方式，更影响到精神产品的生产。建筑作为一种技术与艺术高度统一的产品，受新技术、新材料的影响也最大。

沙面租界的建筑集中了欧洲各国的建筑风格，可以称得上是欧陆建筑的大观园。19世纪60年代至20世纪40年代，是西方建筑思潮非常活跃的时代，按时间顺序，欧洲当时主要出现的建筑风格有：新古典主义、浪漫主义、折中主义和现代主义。由于此期间正是沙面租界大规模建设的时期，因此在沙面形成了反映这些风格的建筑群。

沙面全岛至今仍保留有150多栋欧洲风格建筑，包括特色突出的新巴洛克式、仿哥特式、券廊式、新古典式及中西合璧风格建筑，其中53座（处)为国家重点文物保护建筑，是广州最具异国情调的欧洲建筑群。1992年，广州市政府将沙面列为文物保护区；1996年，沙面建筑群被国务

院列为全国重点文物保护单位。

独特的历史文化背景，造就了沙面融东西方文化于一体、别具一格的人文景观，虽经历史长河的洗礼，风采依然。2013年，经文化部、国家文物局批准，沙面街获选"中国历史文化名街"。2014年，《广州市历史文化名城保护规划》经市政府批复实施。2019年3月，广州市规划和自然资源局公布了《华林寺、沙面历史文化街区保护利用规划》的批前公示，公示显示：沙面历史文化街区保护面积39.1公顷，其中核心保护范围31.4公顷，主要延沙基涌沿岸，包括白天鹅宾馆和河涌本身，不得进行新建、扩建活动，但是，新建、扩建必要的基础设施和公共服务设施除外。经批准允许新建、扩建必要的基础设施和公共服务设施建筑高度在12米以下，建筑体量、色彩、材质等方面应与沙面整体风貌相协调。要求保持现有街巷尺度，并且提倡小规模的交通改造与梳理，保持或者恢复其原有的道路格局和景观特征。公示还显示：沙面街区内有多达54处国家级重点文物保护单位，1处市级文物保护单位，还有六二三路骑楼街、沙面一街、沙面二街、沙面三街、沙面四街以及沙面五街传统街巷格局。

（三）沙面自然环境优美，是休闲旅游摄影圣地

沙面岛地理位置优越，位于精品珠江西十公里白鹅潭段，三江交汇开阔之处，旧羊城八景之一"鹅潭夜月"正在此处。岛内环境优雅，绿树成荫，堪称广州城区的"世外桃源"，被誉为"广州第九景"，成为广州重要城市地标和中外游客、市民群众休闲旅游的首选目的地，节假日游客流量每天高达10万人次。

沙面除了一栋栋具有欧陆风格的建筑物之外，古树也是沙面特色之一。这些古树见证了沙面的历史发展过程，本身也记载了租界历史。沙面最古老的古树树龄已达到300年以上，这棵古樟树位于沙面四街北面、广东胜利宾馆门前，树身的直径足有165厘米。这棵古树的编号是200号，是广州市最稀有的古树之一，是古树中的重点保护对象。据统计，沙面岛上除了这棵300年的古树之外，超过百年树龄的古树有154棵，占了广州市古树的半数。其中，180年树龄以上的古树有44棵，130年树龄以上的古树有98棵。从古树树龄我们可以看到，沙面租界的设立距古树调查是125年至

135年时间左右，也就是说沙面地区在设立租界之前，已种植了不少的树木，已经是一个绿树成荫的地方了。沙面除了古树之外，其他各种绿化遍布全岛。尤其是沙面大街绿化带，它原来被称为中央通道，长800多米，宽40多米，由东向西横贯沙面，现在种满了各种植物，并建有小游园，这条绿色长廊现在已经成为沙面美化的重要标志。

二、对沙面保护与利用存在的问题

对沙面的规划和建设，从20世纪80年代起，中央和广东省、广州市各级政府就积极地进行规划和建设：在80年代初，沙面从封闭式管理转为开放式管理，特别是随着白天鹅宾馆的建成，广州市政府在1984年将沙面定为"外事旅游区"。到了90年代，沙面建设发展不断加快，为了保护沙面的历史文化遗产，在1992年2月，广州市政府将沙面列为文物保护区；1996年11月，又经国务院批准，将沙面清末民初的建筑群列为全国重点文物保护单位。90年代，荔湾区政府和广州市历史文化名城办公室亦先后将沙面列为欧陆风情步行游览区、历史文化保护区。2000年，"沙面历史文化街区"被广州市政府公布为第一批历史文化保护区。

经过多年的努力，沙面的规划与建设取得了可喜成绩，吸引着人们不断去探究其深刻的历史文化背景。但是，沙面的建设也依然存在一些矛盾与问题，需要根据形势作出调整。

（一）居住功能与文物保护利用之间的矛盾

目前全岛建筑约300栋、面积约40万平方米，其产权性质可分为四类：一是省属物业建筑约24.7万平方米，占全岛总量的63%，主要单位有海关、广东省外事办、广东胜利宾馆、教会、南方传媒集团、省侨联、白天鹅酒店等；二是市属物业建筑约3万平方米，主要单位有广药集团、广州市隧道司等；三是公房住宅5.21万平方米，有802户居民；四是公房非住宅6.88万平方米，主要承租单位有广药集团、广东胜利宾馆、沙面小学等。

自2007年以来，荔湾区持续开展16幢商业办公和居住混合使用的直管文物建筑房屋置换工作，截至目前已置换316户，完成78%，为文物建筑的规范保护和有效利用奠定了良好基础。但目前岛上仍有近千户居民，对文物和历史建筑的规范保护和活化利用工作存在一定影响。

（二）交通配套不完善与区域经济发展之间的矛盾

随着地区经济发展以及环境的提升，企业进驻数量以及来岛办公、旅游、观光、食宿、商务等活动不断增加，车位紧缺问题更显突出。目前岛内驻有外事机构、宗教组织、教育部门、机关团体、生产经营单位等180余家，汽车保有量达700余辆，国庆黄金周期间进入沙面的车辆日均4000余辆，而岛内持牌经营的公共停车位总量只有200多个，供需严重失衡。

由于沙面的历史特殊性，土地资源有限，建筑物密度高，路面狭窄，可供开发的停车资源极其匮乏，北街沿线省市重点单位企业较多，对车位需求量大等历史因素，沙面北街沿街路边形成了一批非经审核批准的停车场所，共有车位约140余个。利用现有道路设置临时停车场的解决措施虽在一定程度上缓解了车位紧张问题，但占用了路权，影响了道路通行能力，容易造成拥堵、排队等现象，影响了岛内安静整洁的环境和有序的交通秩序。

（三）景观保养提升不足与会客厅高标准建设之间的矛盾

在历史文物建筑保养方面，岛内大部分建筑保养较好，但现存部分非文物建筑由于缺乏保养、使用条件较差等问题，出现一些外墙残旧破损、阳台破损、空调机架缺失栏杆窗户破损等问题，影响了沙面岛整体景观形象。在绿化养护方面，沙面高级别外事活动频繁，对辖区公共绿化要求较高，经常出现需紧急绿化补种和更换时令花卉的情况，花木采购量大，绿化工人数量和业务水平上要求较高。在景观照明方面，现有景观照明普遍体积较大、能耗较高，对建筑的美观和整体节能都有不利影响。在公共空间方面，沙面南堤滨水景观面被白天鹅引桥遮挡，未得到充分利用。岛上统一标示、导览系统、防洪排涝等设施还有待完善。

（四）产业结构布局与区域高质量发展之间的矛盾

目前，沙面岛主导产业不突出，历史文化资源有待深入挖掘，文化商旅活化提升有待进一步加强。一是岛内文化主题不够鲜明，缺乏各类品牌文化活动，省外事博物馆、沙面历史文化展览馆、和曦美术馆、乔十光美术馆等文化场馆尚未充分发挥作用。二是岛内聚集了白天鹅宾馆、广东胜利宾馆、沙面宾馆、星巴克、侨美、兰桂坊、陶然轩等知名旅业餐饮服务企业，但游客体验和服务档次均有待提高，自身资源禀赋优势未能得到有效发挥。三是受交通条件和物业载体性质等因素影响，大量优质建筑资源未得到高效利用，也给沙面引入总部经济带来较大困难。

三、将沙面打造为粤港澳大湾区城市会客厅的路径

新时代，随着粤港澳大湾区战略的实施，沙面迎来了一个新的、独特的开发与建设高潮。2019年将斥资3.5亿对沙面岛完成一轮全面改造，涉及岛内基础设施升级、产业活化提升等方面。对于沙面的保护、活化与建设，应采取积极保护、合理利用的态度，确立一种持续发展、善用资源的方向，要使沙面更能体现其欧陆特色和丰富的文化内涵，充分利用其文化底蕴，展示传统文化与现代文化、东方文化与西方文化的交融和发展；保护沙面清末民初建筑群，实现欧陆建筑、风格欣赏与自然风光浏览的有机结合；合理设置商业服务设施，实现沙面风情旅游区的功能定位。

具体来说，新时代沙面的发展目标是：坚持以习近平新时代中国特色社会主义思想为指导，紧紧围绕习近平总书记考察广东重要讲话精神，深化改革开放、推动高质量发展、提高发展平衡性和协调性、加强党的领导和党的建设，突出文化、旅游、休闲主题，以功能完善、景观提升、历史保护、活化利用为重点，让城市留下记忆，让人民记住乡愁，将沙面岛打造成为面向国内外、传承对外合作交流的粤港澳大湾区会客厅、欧陆风情的展示区和广州文化对外传播的窗口。

建议以基础设施建设和文商旅融合发展为抓手，从以下四个方面入手，促进沙面建设整体提升，推进区域高质量发展：

（一）坚持党建引领，以区域化大党建格局为抓手，推动区域共建共治共享

1. 开展区域化党建系列活动

近年来，沙面已先后开展"圆梦微心愿""党员志愿者服务""央视朗读亭经典诵读""诵读红色经典 牢记初心使命"等主题活动，取得了明显成效。今后，要广泛凝聚辖区党组织，发挥共驻共建优势，与区域单位通力合作，实现思想工作联做、公益事业联办、文体活动联谊、文明社区联创，以党建推动单位发展和社会建设。

2. 推动区域党建服务阵地建设

努力构建开放、集约、共享的党群服务阵地，除荔湾区区级党群服务中心落户沙面外，整合资源着力建设街级党群服务中心和街道党校，吸纳辖区党组织书记、社区党组织书记、先进典型代表、社区老党员等作为党校兼职教师。进一步完善党代表工作室的硬件和软件建设，规范运行管理，努力提升党代表工作室"知党情、听民意、解民忧、促和谐"的功能作用。打造基层党建示范社区，建设社区党员民情议事厅，搭建开放、公共的议事平台，让社区党员、热心居民亮出身份参与治理，破解社区自治难的问题。

3. 动员各方力量参与区域共建共治

成立沙面党员志愿者服务队，统一定制红马甲，广泛开展"圆梦微心愿"扶贫帮困活动、"党旗红"抗灾救灾当先锋主题党日活动、登革热防控"倒积水"活动、禁毒定向越野活动等。社区党员自发成立"沙面街翠洲社区党员志愿巡逻队"，加强节假日和夜间巡逻及文明劝导，增强整治工作力度。组建一支由协管员、环卫保洁员、社区楼长、车场车管员等200余人的平安志愿者队伍，常态开展平安联防活动。

（二）致力城市精细化管理，进一步完善区域综合环境

1. 完善功能配套，提升交通能力

探索实施交通提升工程，考虑引入地铁通道，拆除白天鹅引桥，规划建设西部入岛路径， 筹建沙面西南端原美领绿地立体停车场，增大全岛整体停车容量，优化交通能力。推进交通技防建设，增强本地区交通管控水平。目前已在沙面重要路段增设了四处交通视频监控设备，纳入市管电子警察交通管理系统，待向社会公示后依法运营。

2. 完善基础设施，提升岛内防洪排涝能力

迎亚运综合整治期间，沙面街已开展雨污分流、三线下地、防洪花堤、公共绿化维护等建设，解决了沙面易犯内涝的百年难题，成功抵御了近几年的暴雨洪涝等自然灾害，较大程度地改善了人居环境。但是2018年9月16日台风"山竹"，给沙面防洪工作再次敲响了警钟。当"山竹"风暴潮来临时，珠江水在顷刻间直接漫过花基，导致岛上积水深度超过1.5米，全岛首层建筑无一幸免，损失惨重。广东省委常委、广州市委书记张硕辅在调研防洪防潮排涝工作时指出要坚持摸清底数、因地制宜、科学评估、制定防洪防潮排涝设施标准。目前沙面也正对防洪排涝工作开展治理研讨，制定科学性、实操性的防洪工作整体工作方案，进一步提升岛内防汛能力。

3. 按照"更干净更整洁更平安更有序"的工作要求，提升岛内整体环境

强化"一支队伍联合执法"，拟建设街综合指挥平台，整合人员队伍，优化资源配置，推动联合执法，加强桥头路口守点和日常巡查。组建文物安全应急和义务消防队，针对沙面文物建筑的保护要求，进一步加强消防安全工作，开展消防培训和应急演练。着手研发综合巡查APP系统，整合现有各项巡查内容，提升隐患排查及问题处置能力。加大环境保洁力度，撤销辖区内所有生活垃圾临时收集点，采取生活垃圾直收直运方式，减少环境二次污染。提升绿化养护水平，及时进行绿化补种和更换时令花卉，打造精品绿化工程，展现粤港澳大湾区城市会客厅良好形象。

（三）擦亮历史文化名街品牌，促进传统文化商旅活化提升

1. 打造露天博物馆

通过升级沙面展览馆，对目前沙面岛主要进出口的全岛导览介绍牌以及各节点位置设置的万向指示路牌、区域导览介绍牌进行全面升级，完善语音二维码系统，直观展现沙面文物建筑历史，全岛自助导游，将整个沙面打造成一个露天博物馆。

2．打造特色文化活动品牌

深度挖掘沙面文化内涵，建设城市艺术岛，使沙面成为引领华南高端时尚与文艺的地标。近年来，有关部门先后在沙面举办了"共享阅读之美"图书漂流活动、"祖国，我爱您"国庆沙面草地音乐会、"爱党爱国爱人民"2018沙面元旦新年音乐会、"学讲话、讲故事、谈感受"广东首场百姓宣讲报告会、央视《朗读者》朗读亭等品牌文化活动，营造了浓烈的文化氛围。这些活动以群众喜闻乐见的形式，吸引了大批市民参与。今后，要继续打造、擦亮这些特色文化活动品牌，并大力做好宣传与传播。

3．打造怀旧会客厅

在宣传保护的同时，做好活化利用，探索与古楼使用的公共服务单位合作，让古楼"自述"，在文物建筑楼宇公共区域设置导览角落，介绍本幢建筑历史故事。营造总部会客厅，提供历史资料，以辖内企业总部为依托，打造特约开放式的总部文化交流场所。

4．打造高品位中轴线

以高端时尚为定位、以中西文化交融为特征，完善文化展示体系基础，与有关社会力量合作，吸引高品位艺术团体莅临沙面开展专题文化艺术活动。联合沙面特色咖啡、西餐企业，开展总部文化室外展示活动。

5．讲好沙面故事

广泛宣传，发动社会力量，开展绘画摄影、历史故事、人文趣事征集活动，留住沙面记忆。以沙面人文历史、事迹掌故为基础，编印"百年沙面家国情"讲好传说故事及历史事件，体现沙面人文内涵，为沙面的文化名片添彩。

（四）提升产业服务水平，构建全面开放新格局

1．明确目标定位，坚持规划引领

围绕目标定位，突出规划引领，以依法保护、合理利用、以人为本、可持续性发展为原则，通过挖掘沙面历史文化内涵，最大限度展示和提升沙面价值。荔湾区相关部门出台《沙面岛整治提升工程》方案，计划将整个沙面岛划分为"西街生活径""西岸优赏径""西洋文化径"三大部分进行打造，大部分工程将于2019年完工。该方案与在编的《沙面历史文化街区保护利用规划》充分衔接，通过科学合理的规划，引领沙面改造提升工作。

2. 打造全面开放新路径，抢抓全面开放新机遇

一是高水平推动国内外合作交流。近年来，沙面先后迎来2017年广州财富论坛、2018年世界航线发展大会等国际盛会，加拿大总理等多国政要及配偶到访沙面，提升了沙面的影响力和品牌号召力。二是高质量引智引技引资引商。一直以来，沙面街在市文物保护行政管理部门和房屋管理部门的业务指导下，在荔湾区委、区政府的统筹下，在履行文物保护职责的基础上，结合地区发展规划和定位，有序推进区域招商引资项目，先后引入国药集团、中国民生投资股份有限公司（华南）总部、广州大美时代文化投资有限公司、广州国发文投基金公司等高端企业进驻沙面。

3. 做好居民安置，优化产业发展

结合国家、省、市的全域旅游发展意见，在上级部门的指导下有序推进居民安置工作力度，逐步将居住功能置换出来，为整岛功能优化腾挪出空间。利用欧陆风情建筑环境，吸引知名企业总部、时尚艺术经营机构和精品旅游配套服务机构，逐步打造高端文化创意产业集聚区。

（温朝霞）

把"珠江游"打造成世界级岭南文化品牌

珠江全长2320千米，因其在流经广州城下时，遇江中一大石岛，而石岛形如珠且光滑圆润，由此得名"珠江"。珠江水系水资源丰富、流域面积广阔、旅游资源丰富，广州依珠江而生也依此而兴，珠江作为广州的营城之源和广州居民的母亲河，其贯穿了广州两千多年的历史，也成为了广州城市繁荣历程中的见证者。近年来，"珠江游"是广州旅游的一张名片，应进一步把"珠江游"打造成世界级的岭南文化品牌。

一、"珠江游"的现状

夜幕降临后的珠江，一片碧水潋滟，灯光璀璨，仿佛七色明珠星星点点，最终汇成一道光彩夺目的珠江彩虹。中国旅游院院长戴斌表示，根据中国旅游研究院的一次调研结果显示，珠江在游客对广州形象的认知排序中名列首位。广州的"珠江夜游"项目在全国都有非常高的知名度和影响力，是广州旅游形象的全新载体。珠江游船企业直报数据以及广州市文化广电旅游局提供的数据表明，2019年国庆长假期间珠江夜游共接待游客14.24万人次，同比增长19.33%，经营收入1210.09万元，同比增长32.03%；包括珠江夜游在内的夜间旅游产品一直以来备受游客青睐，珠江夜游的船票非常抢手。"珠江夜游"已是"广州之夜"品牌典型的标杆项目，2018年珠江游接待游客320.05万人次，营业收入2.39亿元。不难看出，游客对"珠江夜游"的需求旺盛，市场潜力巨大，也让其成为推动广州市经济转型升级的重要抓手。

二、当前"珠江游"面临的问题

世界著名旅游景点排名前50中，中国仅有北京长城和西安兵马俑分别排在第20位和45位。国内以水为旅游资源的，知名度也属长江三峡和桂林漓江较高。"珠江游"的文化定位不突出，离世界级旅游品牌还有较大差距，当前存在的主要问题有：

（一）时效差，时间资源未充分利用

"珠江游"分为日游和夜游。"珠江游"开发以来，有夜幕下闪亮华灯加持的"珠江夜游"显然更受游客青睐，"珠江日游"几乎被游客所忽略，无法吸引到游客将其作为一个正式的游览项目，因此日、夜间游客比例性失调的现象较为严重。

（二）项目类型单一，文化资源未得以有效整合

珠江两岸历史人文景观丰富，有千年商都"十三行博物馆"、沙面欧陆风情建筑、大帅府、中山大学、海心沙亚运主会场、琶醍酒吧街、南海神庙、黄埔军校等，"珠江游"旅游项目作为水域类型的景点，最基础的就是依靠一江两岸的风景来吸引游客。但"珠江游"未能将沿江陆上的旅游资源进行合理、有效地整合利用，做到"水陆结合"。主要以乘船游览，线路设计无水岸穿插观光游览，无法达到让游客体会广州历史文化的底蕴的效果。此外，线路也较短，仅限于猎德大桥和海珠桥之间，游览时间短。

（三）缺乏规范化管理，旅游乱象大量存在

由于"珠江游"的上船码头数量较多，日均游客吞吐量有限，部分商家、小贩存在吆喝拉客，代理售票点多，游客很难分辨其是否属于官方授权，票务售后无法得到保障，导致票价和服务标准不统一的问题。不同游船的服务质量和不同票价套餐的服务内容不详实，无法获得游客良好体验和评价，是不利于"珠江游"成为世界级旅游品牌。

（四）旅游设施保守有，余创新性不足

以区域内的江河、湖泊等水域打造为本城市旅游品牌的国内城市不

计其数，但发展、打造的模式大同小异，旅游设施的设置和宣传方式也多为千篇一律，较少能做到推陈出新。"珠江游"旅游品牌发展过程中缺乏岭南旅游城市的特色，未能突出旅游景点的延续和连接，导致其出现了与其他旅游景区很难避免的环境设施单一化及程式化的问题，这也是未对外开放的公共空间及配套设施的设置、设计进行深入分析和研究的缘故。

三、打造世界级旅游品牌的对策建议

（一）"日游"与"夜游"共同发力

重视日间"珠江游"的规划打造和宣传营销力度，充分利用日间"珠江游"的旅游资源，使"珠江游"在游客心中不只是"珠江夜游"。可从发挥珠江航道的客运功能这个角度出发，进一步发展交通运输和文化旅游结合的水上巴士，而珠江流域也可作为旅游路线，除了在风景名胜区、历史建筑设置站点将沿岸景点串联外，也可增加几个人流量较大的商业区作为停靠站点，停靠站点的合理设置，可以与陆路上的公交、地铁相互配合，使游客以便捷的方式规划自己的旅游路线，增加日间"珠江游"的游客量。

（二）项目类型多元化，合理利用沿江旅游资源

《珠江景观带重点区段（三个十公里）城市设计与景观详细规划导则》提出要打造"大美珠江"，实现精品珠江三个公里大开放。"三个十公里"的分类是针对沿岸景点、建筑的风格、类型而设置的，分别对应着"生态广州""现代广州"以及"近代广州"。根据这个分类，笔者建议首先可以增加在游船上的活动项目如广州早茶体验、粤剧表演等，活动项目应以具有广州特色的为主，能够对外地游客又或者是本地的年轻游客了解广州的历史文化有所帮助。例如2014年"珠江游"就与广府庙会联合举办了水上庙会，在船舱内向游客们表演了精彩的粤剧表演。可联合相关机构在珠江上举办水上国际赛事，增加在国际知名度。其次，珠江景观带重点区段横跨三个公里，沿岸人文景点丰富，要加强对羊城文化的深度挖掘，要实现"珠江游"水陆旅游资源有效整合，并将底蕴深厚的岭南文化

渗透进"珠江游"的水陆资源整合中，同时也拉长了游览线路，既能让游客远距离观看两岸风光，也能登陆近距离品味。

（二）加强统一管理，重视游客服务规范和体验

"珠江游"中存在的旅游乱象严重影响着游客的旅游体验和评价，因此，对"珠江游"进行统一的规范管理是必要且可行的。针对票价折扣不一，代理售票点杂乱的现象，相关部门应该严格取缔未经官方授权的售票点，并且明确"珠江游"价格，可根据向游客提供的服务不同统一相应的价格。关于"乱拉客"的问题，相关部门也应该做到及时发现和处理，并且考虑和旅行社加强联系和合作，既能保证客源流量的同时，也规范了游客来源的渠道。可以由相关组织轮船运营公司组成"珠江游"旅游管理机构，对规范"珠江游"旅游市场秩序管理进行建言献策，对规范起着积极作用的运营公司，可以表彰和宣传的方式以作激励，建立自律的管理机制，保证游客的旅游体验。

（四）实现"珠江游"旅游设施的转型

广州是一座既具有深厚历史文化底蕴的老城，也是一座接纳各方人才、游客，充满新鲜血液的新兴城市。欲使广州"珠江游"在发展、打造的模式上走出自己的路，在国内水域类型的旅游景点项目中独树一帜，进而成为世界级的旅游品牌，就应该在配套设施的设置和宣传方式作出适当改变和创新。首先，在配套设施的设置上，可以更新游船的基础设施，以提高游船的舒适度。还可以将新能源船舶逐步替换柴油动力船舶，实现节能、降噪、减排，响应国家"绿色出行"的号召。对于沿岸陆上的公共区域，也可以将其规划成为江滨公园或沿江跑道以增强其活力。其次，在宣传方式上，出于国外游客数量较多的考虑，可以增加游船的手绘旅游线路图。手绘旅游线路图比起传统的旅游地图更为直观和趣味性，以图形为主文字为辅的表达形式，兼顾了国外游客、青少年及老年游客的需求。而手绘旅游线路图的放置点则可以设置在机场、火车站、巴士客运站等游客中转地的出口显眼处，供游客免费取阅，这也可以为他们提供准确的交通指引。

综上所述，要将"珠江游"打造成世界级的岭南文化品牌，需要具备

历史文化传承功能的同时还应该拥有良好的旅游设施配套发展，这样才能保证"珠江游"旅游品牌发展的持续性和活力性，距离成为世界级的旅游品牌，"珠江游"还有很长一段路要走，如何在尊重历史、尊重文化的基础上把握好上述提到的问题和建议值得规划者深思。

（郑茂盛）

第五章
文化产业壮大工程

▲ 推动广州文旅产业高质量发展

▲ 推动岭南传统工艺在高职教育中的传承与创新

▲ 促进广州老字号焕发新活力

▲ 发掘岭南建筑传统文化资源 推动文旅产业高质量发展

▲ 发展体育旅游助力广州全域旅游建设之思考

推动广州文旅产业高质量发展

党的十九届四中全会提出"完善文化和旅游融合体制机制"，中央经济工作会议要求"推动旅游高质量发展"，为新时期文旅产业发展指明了方向，提供了遵循。文化和旅游产业的有机融合是推动文旅产业高质量发展的有效路径。广州要建设全球区域文化中心城市，打造世界历史文化名城和国际旅游名城，迫切需要以促进文化与旅游产业的融合发展为抓手，推动文化旅游业的高质量发展。

一、促进多元文化深度融合，形塑城市文旅IP

文旅IP（Intellectual property）是指文化与旅游要素融合后形成的具有文化特质、品牌内核、独特价值体现的知识产权体系。凝练广州城市文化形象，在此基础上形成独特的文旅IP，把广州作为岭南文化中心地的文化标识和文化精髓提炼出来、展示出来，消解长期以来人们对广州文化旅游形象的认知模糊，是推动文化旅游业高质量发展的重中之重。为此，应紧扣广州作为历史文化名城所具有的文化特质，聚焦文化旅游的深度融合，构建以岭南文化为核心、多元文化（海丝文化、红色文化、创新文化）并重的文旅IP体系。

1. 重视对广州历史和传统文化的主动识别与深度挖掘

自古以来，广州就是中国对外贸易和文化交流的中心和集聚地，是岭南文化的重要发祥地和海上丝绸之路的起点，历史文化资源丰富且特色鲜明。深度发掘广州传统节庆文化，如：迎春花市（自清朝以降至今已有400余年的历史，是广州市民对于农历新年的共同记忆和少数能够代际传递的历史文化符号）等背后的人文历史与现代生活的情感联结，赋予传统文化节庆活动现代元素和创新模式，打造以"广府庙会""波罗诞""千年庙会""乞巧节""龙舟节"等核心要素的传统节庆民俗活动。

番禺区通过创建国家全域旅游示范区，对区内历史文化保护和非遗文化传承投入的持续用力、久久为功，依托厚重的文化积淀和丰富民俗名人资源，形成独具特色的岭南古镇IP，促进区域丰厚文化资本与旅游行业的"无缝对接"。如：聚焦沙湾国家级历史文化名镇文旅产业和历史文化资源开发，围绕岭南文化聚集成型以留耕堂—庐江遒道—安宅里—车陂街为代表的古镇文化游径、以粤剧、广东音乐、沙湾飘色、鳌鱼舞、鱼灯、美食为代表的非遗文化体验游和以正月墟、北帝诞、开笔礼、祈福为主体的民俗节日游。

在强化传统文化，保护和开发好古镇文化遗产的同时，要特别注意加强对代表古镇特色形象识别体系的标准化建设，以及对建筑内商业产品的规范化管理，参照主体古建筑的风格，将周边民居进行风格一致化改造，并根据对核心文化的现代解读和深度发掘，系统性开发具有古镇文旅IP的文创产品，形成从风格到内容上的有机统一。

在传承传统文化的同时，也要重视发扬广州的"革命传统"和"红色基因"，通过打造红色文化旅游地标，弘扬英雄城市和革命传统精神，传播红色文化的正能量。

2. 重视对广州核心文化进行特色呈现和世界传播

2020年5月发布的全国城市旅游人气指数TOP20榜单中，广州拔得头筹，综合人气、关注度、吸引力和美誉度等旅游业指数在国内一线大城市中均名列前茅。高企的社会关注度和旺盛的人气反映出近年来广州在城市建设、文化产业发展、保持较高水准的旅游服务质量等方面取得的成绩。持续保有并实现人气指数再创新高，则要求广州在进一步凝练城市核心文化，塑造文旅IP品牌，围绕着两者提升文旅产业发展规模和水平，提升文旅服务质量的实施手段和呈现方式上推陈出新，使传统文化在新业态消费背景下得以延续和发展。

要努力克服当前疫情影响的不利因素，创新呈现手段和传播方式，通过诸如"网上直播+录播""云上互动""直播带货"等融媒体技术手段将文旅体验通过快捷和低成本的路径直达广大受众，培养潜在游客群体和培育新型消费行为，为疫后旅游行业全速复工复产提供条件。

具备在全球推而广之和引起世界共鸣的文化"软实力"是打造世界优秀旅游目的地的关键。广州的城市文化具有世界属性，应加速岭南文化走向世界的进程，依托广州国际友城资源，以及广州地区高校在海外开设的孔子学院作为重要媒介和宣传平台，推动广州文旅IP在海外市场和受众中的正向传播。鼓励高校、科研院所与国际文旅行业组织、跨国咨询机构合作设立文旅融合研究机构和高校智库。如世界优秀旅游目的地组织与广州大学合作举办"国际文化旅游融合创新发展研究院"得到世界旅游组织的技术和资源加持，可以借此加强文旅融合课题研究国际合作和基于地区文化的文商旅产业体系探究，让广州文旅IP的国际推广可以"搭船出海"，开拓国际旅游市场。

3. 重视广州核心文化和城市文旅品牌的价值创造

城市文旅IP形塑有利于提升旅游产品的附加值、促进文旅深度融合和各类旅游品牌建设，对传承并弘扬中华优秀传统文化，树立文化自信，建设文化强国有着重要的理论和现实意义。文旅融合高质量发展体现在产业附加值的创造，重点在供给侧高质量改革和市场端的消费升级。文旅 IP是关键抓手，也是旅游目的地、文旅基础配套设施和文旅企业的核心资产，更是推动文旅产业提质增效、走向世界的核心竞争要素之一。

应契合番禺区开展全域旅游对区内功能产业的定位和布局，通过"旅游+"的模式，促进文旅体的有机融合；通过导入"恒大足球"IP形象以及恒大足球场综合文体项目的开工建设，带动区内文体旅上下游产业，如商业、会展、酒店、餐饮等行业的配套发展，拉动周边消费市场。

北京路文化核心区是经世界优秀旅游目的地组织评估的国内第三个和省内首个世界优秀旅游目的地，对广州推进国际大都市建设进程，弘扬岭南文化具有重要意义。北京路作为广州"零公里"处、岭南文化源地、千年商都核心，具有独特的文化气质和特质。其物理空间涵盖北京路步行街、惠福美食花街和文德路文化街等历史文化和特色商业街区以及由新大新、广百、天河城等三大百货企业引领的大型购物商圈。加大力度推进北京路文化核心区的升级改造，将区内体现海丝文化、红色文化、创新文化的景点作系统梳理并形成以岭南文化为核心的"1+3"文旅IP体系，通过对历史景点的活化呈现、临街老旧建筑的岭南风改造、核心区商业形态的整体布局，提升北京路文化核心区品牌识别度和区分度。

将历史文化资源的保护与文化核心区商业开发、旅游推广、景区改造和休闲休憩等功能有机结合，以北京路为原点，协同周边文物景点和文旅资源为依托，充分挖掘广府文化资源，通过民俗文化表演、民间传统工艺与旅游区商贸文化相融合，凸显北京路作为广州核心商贸区之一的国际化特色，提升游客体验值和商务休闲附加值，创新和丰富旅游产品类型，加强文旅外宣话语体系的国际化，深化市民对北京路文化核心区作为世界优秀旅游目的地形象认同，打造体现北京路文化核心区特色的文旅品牌。

二、强化岭南文化根源和认同，建设粤港澳大湾区旅游目的地

世界旅游组织秘书长祖拉布·保罗利卡什维利指出，粤港澳大湾区是中国旅游业快速增长的地区。粤港澳大湾区建设作为国家重大战略布局和广州建设国际大都市，实现老城市新活力，"四个出新出彩"的总抓手，为区内文旅融合创新和打造湾区世界级旅游目的地提供了最佳的政策和时间契机。作为粤港澳大湾区建设发展的核心城市，广州承担着建设岭南文化中心和对外文化交流门户的重任。

1. 以粤曲粤剧为纽带强化人文湾区的文化认同

粤曲粤剧是岭南传统艺术的代表和瑰宝，也是粤港澳地区共同的文化根基和共同的文化习惯，在长期的历史流变中不仅保持着共同的话语表达方式，还内含着粤港澳建设共同的人文价值追求。粤曲粤剧辐射范围遍及全球各地，在世界华人中具有极强的文化凝聚力，在面向港澳等粤语方言区的民众可以引起直接的文化共鸣。加大对粤曲粤剧等非遗文化资源的开发性保护，创新推广机制和行业人才培养模式，探讨引入PPP模式鼓励民间力量和社会资本参与粤剧的保护和开发。

2. 增强对广州城市文化品格和人文内涵的深度认同

广州作为历史文化名城，长期以来都是珠江三角洲地区乃至整个华南地区的文化中心，文化内涵丰富、底蕴深厚、活力充沛，尤其是广府文化的影响力十分广泛。传统文化与革命文化、创新文化的有机融合构成广州城市文化体系的基本内核，凸显广州这座城市的人文品格和精神风骨。广州应当抓住建设粤港澳人文湾区、推动中华优秀传统文化走向世界的历史机遇，强化并彰显自身的文化自信和文化影响力，以提升人们对广州城市文化内涵和广州人文风情的知晓度、认同度和美誉度。

3. 加强粤港澳文化旅游合作"共建人文湾区"

加强穗港澳三地政府文化和旅游机构的职能对接和机制衔接，探讨建构三地一体文旅行业协商机制。围绕"共建人文湾区"的目标，在传承创新的基础上深度发掘岭南优秀传统文化，全方位开展文化交流合作。依托粤港澳大湾区建设，主动谋划，积极寻求对接港澳地区的旅游资源，鼓励有资质、信誉好的本地旅行社与港澳同行合作，开辟更多针对港澳地区不同年龄阶段和经济层次游客的订制线路，如美食民俗游、粤剧艺术游、文化寻根游、科技研学游、创新创业游等。挖掘、整合三地历史文化资源，加强三地通行的文商旅融合的一体化平台建设，强化岭南文化根源和认同，着力建设粤港澳大湾区旅游目的地。

应依托广东省"粤港澳大湾区文化遗产游径"建设，特别是广州市内游径路线的开发和打造，如孙中山读书学医游径，将承载着粤港澳大湾区共同记忆和文化情感的历史文化资源并联起来，彰显文旅交融和岭南文化特色。借助番禺建设祈福新邨作为粤港澳人居环境示范区和打造粤港澳大湾区文商旅融合发展示范区的契机，形成三地居民的跟紧密的联结，打造宜文宜旅、宜商宜居的和谐湾区。

三、推进民心相通，依托国际友城助力文旅产业国际化发展

广州自古以来就是中华民族与世界人民开展文化和贸易往来的重要门户。建国后，特别是改革开放以来，依托良好的地区和区位优势，广州率

先开展与国外城市建立"姐妹城市"和"友好合作城市"的关系。文化交流、商贸往来和旅游消费成为广州国际友城间交往的主要形式。

1. 依托友城网络资源，提升广州文旅IP品牌的国际知名度

发挥国际友城网络资源优势，特别是位于"一带一路"沿线国家（中亚、东欧、东南亚）的城市和地区的游客资源，依托广州地区的高校为"一带一路"国家系统培养文商旅行业人才，并通过为在穗学习、生活、就业的外籍人员，如：外国留学生、外国工商企业界人士提供诸如岭南文化课程教学、定期组织广州城市精品线路游和营商推介会等服务，面向国际市场推广、宣传，通过合作开发、行业对接等形式打造地区全域旅游品牌，提升广州文旅IP品牌的国际知名度。

2. 构建高端中外人文交流平台，推进友城青年的文旅交流

通过"一奖两会"（广州国际城市创新奖，中国国际友好城市大会暨广州国际城市创新大会）和"世界大都市协会"，以及诸如：广州—洛杉矶—奥克兰三城经济联盟等全球性和区域性人文经贸交流机制推广广州文化和旅游产业，开拓文旅产业的海外市场。

推动广州国际友城间人员交流往来，尤其是鼓励友城间青年群体开展文化交流。依托"广州国际友城大学联盟"（该联盟由广州大学牵头于2018年成立，成员包括亚洲、欧洲、美洲等主要国家大中型城市的知名大学）开展"广州国际友城青年领导力论坛"及"广州国际友城大学联盟大学生创新创业竞赛"等活动，将广州文旅IP和文旅产业推广作为固有模块嵌入赛事活动，从文化入手，以旅游为载体，培育更多知穗、友穗、亲穗的世界公民。

3. 创新交流交往渠道，加速文旅产业的复苏和振兴

鉴于当前疫情对世界的影响，积极开展全球合作抗疫的同时，文旅行业应摒弃"等靠要"的心态，转变思路，创新宣传手段，通过诸如"云上广交"等线上渠道和OTA（网上旅游平台）与全球文旅行业伙伴的对接和合作运营，通过与虚拟现实、人工智能等新业态的对接，创新外宣推广模式，提升宣传效能，克服疫情防控对人员跨国旅行的限制，讲好中国故事、广州故事，为疫后文旅产业的复苏和振兴提供基础条件。

四、共享岭南核心文化，推动广州都市圈全域旅游发展

根据《广东省开发区总体发展规划（2020—2035年）》，推广全域旅游在广州都市圈（广州、佛山、肇庆、清远、云浮和韶关）并形成地区合力，从文旅IP体系建设、文旅配套设施开发、文旅市场要素配置和完善文旅产业链，推动都市圈文旅融合高质量发展。

1. 打造"广州都市圈全域旅游联盟"，推动全域旅游形成合力

通过打造"广州都市圈全域旅游联盟"，推动地区城市间文旅行业协会或社会组织的资源整合，加强区间内文旅人才队伍的正向和竞争性流动以及人才梯队建设。区域联动开展文旅融合发展的关键因素在于找准共性的历史文化根源，即以岭南文化为核心理念，形塑并强化区域特色文旅IP，形成区域间的共识，夯实文旅融合的文化基础。结合不同区域的自然地理和人文历史和资源条件，按照核心城市带动、周边城市联动、城市旅游消费驱动、乡村旅游接待拉动的模式，以全域开发、全域布局、全域协调的理念推动广州都市圈全域旅游发展。

2. 精确疫后文旅消费方向，探索城乡协作的文旅发展路径

据旅游行业人士判断，后疫情时代拉动国内文旅消费的最重要市场是短途城市圈乡村游。而支撑城市圈乡村游的核心产业要素是文旅融合。通过打造"广州都市圈全域旅游联盟"这一以广州为核心驱动，协调圈内城市间资源共享的平台，在文化和旅游产业方面完全可以形成以岭南文化核心，区域多元文化为支撑的都市圈文旅融合产业发展路径。这其中，既须有中国经济建设和改革开放的巨大成就，广州发展国际大都市带来的全球化消费理念，科技和文明进步的巨大生活便利所形成的家国情怀，也应有体现岭南传统文化的乡约民俗、特色古镇、休闲观光、乡村振兴的人间烟火。

3. 围绕新时代广州城市定位，主动承担历史使命和责任

按照广东省委的定位，广州致力于建设社会主义文化强国的城市范例，建设独具特色、文化鲜明的国际一流城市。围绕着新时代背景下广州

的城市定位，广州作为岭南文化的核心地和华南地区经济文化中心，以及粤港澳大湾区的核心城市，应充分把握时代机遇和主动承担历史使命和责任，在危机中育新机，于变局中开新局。广州具备成为全球区域文化中心城市的文化和经济实力，应更具文化自信，通过文旅融合推动文旅产业高质量发展，向世界从容展现广州文化的包容和创新，为构建人类命运共同体贡献广州城市发展的智慧和方案。

（柯志骋）

推动岭南传统工艺在高职教育中的
传承与创新

高职教育培养的是从事技术技能岗位的社会主义建设者和接班人，其传承优秀传统工艺是传承优良传统文化、是提升青年群体文化自信的需要，也是落实立德树人教育、培育大国工匠的需要。广州高职教育在资源、经验、师资、政策等方面具备传承与创新岭南传统工艺的条件，在城市文化建设中履行传统工艺传承的使命、推动城市文化综合实力出新出彩责无旁贷。

一、高职教育推动传统工艺传承与创新的必要性与重要性

（一）坚定文化自信的需要

十八大以来，习近平总书记在多个场合谈到中国传统文化，表达了自己对传统文化、传统思想价值体系的认同与尊崇。习近平指出，"我们要坚持道路自信、理论自信、制度自信，最根本的还有一个文化自信"，文化自信是一个民族、一个国家以及一个政党对自身文化价值的充分肯定和积极践行。

青年是民族的未来，青年对于中华传统文化的认同与传承是中华民族传承优良传统、坚定文化自信的关键。2019年3月以来，香港爆发了一场青年广泛参与的社会风波，香港青年群体种种言行与激进做法，尽显其对中华传统文化认同的缺失。广州作为中国的南大门，必须以香港为鉴，加强对青年在中华优秀传统文化的教育、传承与创新，提升文化引领力。高职教育的主体是来自于高中、中职升学而来的青年学生，在校生数占高校

在校生总数的半壁江山，在这样一个青年群体传承传统文化，对于提升青年文化认同、坚定青年群体的文化自信尤为重要。

（二）传承传统文化的需要

中国优秀传统文化，可以为治国理政提供有益启示，也可以为道德建设提供有益启发，没有文明的继承和发展，没有文化的弘扬和繁荣，就没有中国梦的实现。文化传承是高校四大职能之一，高职教育作为高等教育的一种类型，落实文化传承职责是其必须承担的历史使命，高职教育作为"职业人"培养的摇篮，传承和创新传统工艺既是落实其服务区域经济社会发展这个功能定位的必然选择，也是实现其人才培养目标和提升核心竞争力的有效手段。

（三）培育工匠精神的需要

中国古代的科技曾长期处于世界的领先水平，这要归功于古代伟大的工匠们，他们为科技和社会进步做出了巨大贡献。在科技日新月异的今天，实现中华民族伟大复兴的中国梦需要一大批具有先进理念、精湛技艺和精神追求的大国工匠。工匠精神内涵实质虽不断发展，不断增加时代特征，但其中依然蕴含着中华民族的优良职业道德与敬业精神。高职教育是培育高素质技术技能人才的主渠道，也是培育工匠精神的前置阵地。因此在高职教育中传承传统工艺、发扬工匠精神，并在传承中进一步创新发展工匠精神实质，是高职教育实现人才培养目标的重要手段，也是高职院校在创新驱动发展中的必然选择。

二、广州高职教育推动岭南传统工艺传承的可行性

（一）高职教育具有传承传统工艺的先天优势

一是高职教育以服务区域经济社会需求为导向，与区域文化建设与社会进步结合紧密，开展文化传承与其发展定位相吻合；二是高职教育人才培养目标是培养高素质技能型人才，注重技能和素质培养，这与传统工艺传承特点相近，易于在人才培养中实现融合；三是高职教育是校企双主体的教育，主张工学结合育人、推崇文化融合，对于传统工艺的传承具有开

放的环境和条件。

（二）高职教育具有传承传统工艺的政策环境

中办、国办2017年印发的《关于实施中华优秀传统文化传承发展工程的意见》提出要推进职业院校民族文化传承与创新示范专业点建设。《教育部财政部关于实施中国特色高水平高职学校和专业建设计划的意见》（教职成〔2019〕5号）将"提升服务发展水平"作为10个改革发展任务之一，并提出高职教育要促进民族传统工艺、民间技艺传承创新。相关政策的出台与任务的推进为高职教育传承传统工艺建立了良好的政策支持和保障。特别是高职教育一直将服务区域经济社会发展作为办学定位内容，在国家高职教育政策支持下开展区域传统工艺传承创新的平台建设、教学改革、特色活动等水到渠成。

（三）广州高职具有传承岭南传统工艺的条件

广州作为千年商都，岭南传统工艺内涵丰富，蕴含了多元、务实、开放、包容、创新等特点，具有传承需求与可传承、可创新的特点，亟需拓展和创新传播与传承载体；二是广州高职教育具备开展传统工艺承传的专业覆盖面，广州具有各类高职院校46所，其中市属高职院校7所，各高职院校紧密对接区域经济社会发展设置专业，对岭南传统工艺衔接性强；三是广州高职教育重视第二课堂和社团建设，具有传统工艺传承的基本条件和基本经验。

三、推动广州传统工艺与传统文化在高职教育传承创新的对策

（一）坚持"立德树人"根本任务，树立文化传承价值观

种树者必培其根，种德者必养其心。高职教育核心任务是培养具有技术技能的社会主义合格建设者和可靠接班人，立德树人是教育的首要任务。传统工艺是中华民族伟大精神和优良文化重要组成，是坚定文化自信的重要支撑，高职教育必须提高认识，树立文化传承价值观，增强工艺传承的使命感与责任感，将传统工艺的传承作为高职"立德树人"教育的内

容，通过传统技艺传承和传统文化浸润，引导学生践行社会主义核心价值观、坚定理想信念、养成职业精神、锻造职业素养、树立职业道德、实现全面发展。

（二）推动"三进"联动改革，拓展工艺传承载体

对接广东省传统工艺振兴计划的传统工艺振兴目录和传统工艺平台建设目标，以匠心培育、技艺传承为导向，构建"传统工艺进课堂、民间大师进平台、传统文化进校园"的"三进"体系。一是传统工艺进课堂，结合专业人才培养需要，选取有助于培育学生职业素养和职业精神的岭南工艺，开设传统工艺公共选修课，开展多途径、多形式的传统工艺第二课堂，并纳入学生素质拓展教育学分；二是民间大师进平台，集聚高职专业群优势，聘请传统工艺大师，建设兼具工艺开发、技艺传承、大师培育功能于一体的技能大师工作室，鼓励教师与大师合作开展工艺创新、感受匠心技艺，强化教师的职业道德、责任意识；三是传统文化进校园，以传统文化社团、精品课程、教材、特色活动等建设为抓手，拓展文化传承与创新的载体。

（三）完善"三全育人"工作体系，建设融合型校园文化

"三全育人"即全员育人、全程育人、全方位育人，是中共中央、国务院对教育提出的根本要求。校园文化建设是一种可以调动全员、贯穿全程、融入全方位的育人方式，可为完善"三全育人"工作体系做重要支撑，而将传统工艺培育纳入校园文化，建设开放性、多元化的校园文化体系，是培育学生综合素养和创新能力的有效手段。在物质文化上要将校园设计、宣传标示等全面融入具有传统工艺符号，寓情于物，寓情于景，寓教育于景物之中，形成文化土壤；在精神文化上要将传统文化教育与课程改革紧密结合，将文化教育融入思想政治课程、课程思政和课外活动三个战线，将传统文化全面融入育人活动；在制度文化上要参考工匠精神的标准，对教师、学生和管理人员的相关管理制度中融入相关标准。

（李营）

促进广州老字号焕发新活力

老字号是优质品牌的标志，是产品质量与商户信用的重要保证，是城市宝贵的经济文化资源，其传承与创新对城市经济、社会和文化的发展起到重要作用。广州是具有2200多年历史的国家历史文化名城、国家中心城市和国际商贸中心城市，一批具有浓郁岭南文化特色，驰名中外的优秀老字号在这里传承与发展。然而，曾经作为广州商业文化象征和品牌标志的广州老字号，在面临经营成本日益上升、国内外"新字号"品牌崛起、新业态涌现、移动互联网冲击等新挑战下，存在企业发展与经济发展脱节，品牌产品结构单一、品牌特质不明显，品牌价值减弱，品牌受关注度降低，可持续发展的难度增大等主要问题。在新形势下，为解决当前广州老字号传承与创新面临的不利局面，推动广州老字号尤其是国有老字号焕发新活力，不仅是广州老字号自身发展的客观要求，还应作为加快培育广州特色商业的国际知名品牌、建设国际商贸中心城市、新时代广州实现老城市新活力的一个重要抓手。

一、广州老字号的发展现状

老字号是指历史悠久，拥有世代传承的产品、技艺或服务，具有鲜明的中华民族传统文化背景和深厚的文化底蕴，有地方特色，取得社会广泛认同，形成良好信誉的品牌①。广州老字号需要具有50年以上发展历史，其工艺、技术考究，产品质量好，产品品牌声誉高，并且必须是在国内外

---

① http://www.mofcom.gov.cn/aarticle/h/redht/200804/20080405471081.html.

享有较高知名度的名字号、驰名商标、传统商铺和工艺。当前，广州老字号有129家（名单见附件），其中包括四百多年历史的"陈李济"、国家中成药行业重点企业"中一药业"、中国四大名酱园之一的"致美斋"、全国蜂产品龙头企业"宝生园"、广东凉茶领军品牌"王老吉"、拥有中国驰名商标虎头牌的"虎辉照明"，还有知名餐饮企业"陶陶居"等国家商务部认定的"中华老字号"。广州老字号中"中华老字号"有35家，占广东省"中华老字号"的61%以上。广州老字号中百年以上屹立不倒的老字号有37家，占广州老字号总数的28.68%，是广州的金字招牌。

从行业分布看，广州老字号覆盖行业广，主要包括：餐饮住宿26家、零售11家、医药16家、工艺美术4家、居民服务7家，食品加工22家、加工制造28家、其他15家，其中占比较大的是加工制造业21.7%、餐饮住宿业20.2%、食品加工业17.1%、医药行业12.4%。从企业类型看，老字号企业分布呈现以国有企业为主、民营企业为辅的格局。国有企业共有70家，占总量54.26%；民营企业共有52家，占总量40.31%；合资公司共有7家，占总量5.43%。其中，上市公司只有5家，占3.9%，其余都是非上市公司。从老字号经营情况来看，目前发展突出的约占18.6%（如王老吉、广州酒家等）、正常经营且持续3年盈利的约占51.9%（如珠江钢琴、风行牛奶等）、经营情况一般且后劲不足的约占16.3%（如泮塘食品、南方大厦等），经营困难或歇业的约占13.2%（如广州电影院、云香酒楼等）①。

二、广州老字号发展存在的问题及原因分析

目前，在面临着经营成本日益上升、国内外"新字号"品牌崛起、新业态涌现、移动互联网冲击等新挑战下，广州部分老字号主要存在企业发展与经济发展脱节，品牌产品结构单一、品牌特质不明显，品牌价值减弱，品牌受关注度降低，可持续发展的难度增大等问题，究其深层次原

---

① 数据来源：根据本调研小组赴部分老字号现场调研及广州老字号协会提供的数据整理。

城市文化综合实力

第五章 文化产业壮大工程

因，有些是企业自身主观原因所致，如体制机制不灵活、创新能力不足、品牌保护和经营意识不强、营销方式不与时俱进等，有些是外部条件变迁、政府支持力度不足等外部客观原因所致，制约了广州老字号的传承与创新。

（一）体制机制不灵活，企业发展与经济发展脱节

老字号企业尤其是国有老字号企业，在发展过程中基本上形成了相对固定的体制机制。为符合以前经济发展情况而建立的体制机制在现代市场经济环境下显得不灵活甚至僵化，制约了老字号企业的进一步发展。体制机制创新是激活老字号品牌重生的重要因素，引进现代企业的体制机制，明确企业发展的责权利问题，整合可以为企业所用的一切资源，才能使老字号焕发新活力。目前，广州经营情况良好的老字号企业无不是顺应了市场经济发展潮流，构建出与市场经济发展相适应的体制机制的企业，它们一般都经历了体制转换，完成了从传统企业向现代企业的转型，并将先进的经营理念和管理方法引入企业，使老字号企业重现生机与活力。

（二）创新能力不足，品牌产品结构单一、品牌特质不明显

现今，消费者的选择日益多元化，这就要求老字号企业不断提高创新能力，发掘消费者的需求，开发出满足不同消费者的不同层次需求的系列产品，才能留住更多的消费者，获得更多的利润用于老字号企业的进一步发展。创新能力是老字号提升整体竞争力的核心要素之一。广州经营良好的医药类和食品加工类老字号企业，它们拥有自主知识产权和专利，具有较强的技术创新能力，能开发出不同消费者需求的产品。在品牌产品多元化、年轻化方面做得好的如王老吉，推出传统红罐、绿盒包装以外的无糖凉茶、黑凉茶、爆冰凉茶、刺柠吉等多款新品，并在结合传统凉茶功效的基础上，研发出口味更丰富、包装更多样化的奶茶产品。而反观经营不善的老字号企业基本都是未能了解市场发展行情、准确把握顾客需求，并且在产品开发上缺乏创新意识、创新能力不足，品牌产品结构单一、品牌特质不明显，甚至与现代年轻主力消费人群的需求脱节。

（三）品牌的保护和经营意识不强，品牌价值不断减弱

品牌是老字号企业最重要的无形资产之一。老字号的品牌是历经数十

年发展、积累和沉淀并得以形成，创造一个品牌不容易，而保护和经营好品牌更不容易。不少老字号企业只专注于日常的经营，没有意识到品牌保护的重要性，存在品牌经营意识薄弱，对老字号品牌价值缺乏深度挖掘的问题。长此以往，老字号就会淹没在众多"新品牌"中，失去品牌竞争力和品牌价值。

（四）营销方式不与时俱进，品牌受关注度不断降低

广州不少老字号如鹤鸣鞋帽商店、云香酒楼等，面临着经营困难或歇业的困境，现在基本上已无年轻一代认识或者关注这些品牌。这除了与老字号自身的经营有关外，没有把握现代的消费理念和消费模式，营销方式不与时俱进是其中重要的原因。在当今消费时代，消费者的消费理念和消费模式不断创新，新的消费渠道和消费方式层出不穷，电商直播、网购、体验式购物等，对老字号传统的、面对面的营销模式产生了极大挑战。老字号企业如果不借助现代营销理念、传播方式和运营模式宣传和推介企业，缺乏利用网络及相关现代品牌传播手段的营销，再好的产品也会无人问津，消费者对老字号品牌的关注度也将不断降低。

（五）外部经营条件变迁，老字号可持续发展的难度增大

租金高企、基础设施不配套等外部经营条件的变迁，成为阻碍老字号可持续发展的问题之一。广州老字号企业，特别是餐饮、酒店及零售业的老字号企业，多以租用店铺经营为主，无自有经营场所。其原有经营场地经过城市的发展变迁现已成为中心城区黄金地段，租用中心城区黄金地段的经营场地面临租金涨幅过高的经营风险，容易被其他业态挤压经营空间。同样，由于发展变迁和消费升级，停车难等基础设施不配套问题已严重制约直接面对消费者各类体验的老字号企业（如餐饮和零售行业）的经营和发展，消费者体验感无法得到提升，导致相当一部分消费者不选择老字号，老字号可持续发展难度增大。

四、加快广州老字号焕发新活力的对策建议

广州老字号承载的是历史文化，代表着文化自信，是中华民族精神

城市文化综合实力

第五章　文化产业壮大工程

的沉淀，推动老字号的创新发展有利于广州践行习近平总书记视察广东时提出要实现"老城市新活力"的指示。老字号企业的核心能力，是拥有优质品牌、良好信誉和以及具有世代传承的产品、技艺或服务。广州老字号焕发新活力的核心就是做好品牌的传承与创新。推动广州老字号尤其是国有老字号焕发新活力，不仅是广州老字号自身发展的客观要求，还应作为加快培育广州特色商业的国际知名品牌、建设国际商贸中心城市、新时代广州实现"老城市新活力"的一个重要抓手。为此，应牢固树立新发展理念，采取有效对策措施，不断提升老字号的产品质量、品牌信誉、创新竞争能力、文化内涵等，同时营造良好的政策和营商环境，让老字号发扬光大，进一步推进广州国际商贸中心建设上新水平，实现"老城市新活力"。

（一）突破体制机制障碍，从源头上激活老字号品牌重生

面对不适应国情发展的问题，政府部门正以刮骨疗伤的勇气推动改革；针对不适应现代企业发展的体制机制障碍，企业更应该大刀阔斧推动改革。在企业层面，要对企业体制机制进行深层变革，包括推进混合所有制改革、实施员工持股、优化完善激励机制等等，以全面激发老字号企业员工与管理层的积极性和创造性，进而最终激发老字号发展的活力。在政府层面，应借助多方的力量，引导老字号建立现代企业制度，鼓励各类专业机构为老字号发展提供智力支持和保障。允许民营资本参与国有老字号的经营和发展，形成老字号的品牌优势和民营企业机制灵活优势的强强联合，如陶陶居的餐饮业务授权给山东老家经营后，焕发出新的活力。鼓励老字号企业建立健全科学的激励、决策和用人机制，探索建立职业经理人制度，改革国有老字号企业经营管理者的选拔任用方式，以体制机制的创新，从源头上激活老字号品牌的重生。

（二）增强技术和产品创新能力，丰富老字号产品线的供给

增强创新能力，推动老字号企业的技术创新，在弘扬老字号企业优良的传统工艺的前提下，在生产工艺方面精益求精。目前，年轻的消费者已成为消费主力，要积极研究年轻一代和品质消费者的需求，丰富老字号的产品线，开发新产品，满足不同消费者不同层次的消费需要。如广州轻工工贸推出广货2.0版本，通过新材料研发、升级改造生产工艺和设备等，开发符合年轻人消费需求的各类产品，使双鱼等老品牌焕发出新活力。

（三）强化品牌保护和经营，培育广州特色商业的国际知名品牌

在品牌保护方面，政府部门应该重点保护老字号的品牌这一无形知识产权。政府部门要通过多种渠道宣贯老字号品牌保护的重要性，在国内建立起法治化的营商环境，打击各种侵犯老字号知识产权的违法行为；引导老字号企业做好品牌注册工作，确保老字号品牌在国内外均受到法律保护。在品牌经营方面，日前，在商务部等14部门出台的《关于培育建设国际消费中心城市的指导意见》（商运发【2019】309号）中，提出"落实消费品工业增品种、提品质、创品牌举措，推进'同线同标同质'产品内外销，提升产品品质，大力推动中华老字号创新发展"。应结合"三品战略"对老字号提出的要求，在确保老字号产品质量的同时，引导企业构建品牌管理体系，确定品牌定位，推动老字号与阿里、腾讯、京东等互联网企业合作，创新品牌的商业经营模式，支持创建若干品牌培育和运营专业服务机构，发掘老字号中具有国际品牌潜力的，集合各方力量打造出国际知名品牌。

（四）加强特色商圈规划建设，促进老字号与商圈业态共同发展

广州近年不断加大对老字号的扶持力度，已培育形成"老字号一条街"等老字号品牌集聚区。在此基础上，政府部门应结合国际商贸中心城市的打造，在广州城市建设发展总体规划中强化特色商圈的规划建设，全面改善现有商圈环境，促进商贸、文化、旅游、娱乐等产业融合发展，利用几年时间，打造两到三个环境优美、商业繁华、富有岭南文化特色的都会级商圈，大力提升一批有潜力的高端商圈，支持老字号更好地融入重点商圈的发展；同时，鼓励老字号传统店铺向文化展示中心、定制体验中心转型，丰富特色商圈的业态，成为促进消费升级的平台，促进老字号与商圈业态共同发展。

（五）借助新型营销方式，提升老字号品牌传播力度

鼓励和支持老字号将传统经营方式与现代服务手段相结合，积极推进标准化改造，大力发展连锁经营、特许经营，拓展品牌影响力。深挖老字

号的文化内涵，借助现代营销的理念和方式，增添、拓展内涵和外延，提升老字号品牌传播。鼓励老字号应用微博、微信、抖音等新媒体，传播老字号品牌历史和商业文化。加大老字号纪念品、礼品的开发力度，积极推广老字号旅游产品，不断推进老字号和旅游企业在景点建设、线路开发、宣传推广方面的合作。通过电商和数字化传播手段重塑形象，拉近与新生代消费群和品牌消费群的距离。通过打造粤港澳大湾区老字号博览馆、粤港澳大湾区老字号一条街、举办广州老字号博览会等途径集中宣传广州老字号品牌，提升老字号品牌传播力度。

（六）市场运作为主、政府扶持为辅，推动老字号可持续发展

充分调动老字号企业的积极性，消除老字号企业依赖政府扶持的思想，发挥企业的主观能动性和主体活动；政府主要是在营造公平公正经营环境和着力解决老字号企业在改革创新中的重要问题上下功夫，主要发挥在规划引导、政策扶持、诚信建设等方面的作用。政府部门已印发出台《广州市促进老字号创新发展三年行动方案》，从老字号原始老铺的回迁、设施配套、人员培养、资金引进、技术创新等方面设立了扶持措施，需要在政策落地上进一步协调细化，如老字号企业经营场地租金支持方面，强化政策实施落地的实效性，从而推动老字号可持续发展。

（杨淑怡）

发掘岭南建筑传统文化资源
推动文旅产业高质量发展

2009年8月，文化部和国家旅游局联合发布了《关于促进文化与旅游结合发展的指导意见》，2014年大量的支持政策出台，目前中国文旅行业已进入高速发展期，旅游行业市场规模庞大。党中央提出"要推动文化产业与旅游、体育、信息、物流、建筑等产业融合发展。"文旅产业作为第三产业的新模式，对于促进国民经济的发展升级和结构转型意义重大。文化旅游是一种特殊类型的旅游活动，是文化产业与旅游产业的融合体。文化旅游的实质是通过文化内涵的发掘、整合，通过对特定文化产品的营销，给旅游者创造独特的消费、体验的完整链条。核心在于向旅游者讲独特的故事，给予独特的体验。

传统建筑是传统文化的重要组成部分，是时代文化在固定空间的表达。岭南建筑是岭南文化的重要组成部分。广州拥有大批的岭南传统建筑，古代传统宗教建筑、明清时期的书院和祠堂建筑、清末民初的西关大屋、骑楼建筑、民国时期的西洋式建筑、中华人民共和国成立后中西交融的现代建筑，构成了广州岭南建筑几大群落。广州发展文旅产业，绕不开传统岭南建筑这个文化符号、特定空间和历史载体。而围绕传统岭南建筑，相关的文旅产业的开发、经营、消费，广州还有相当大的提升空间。

一、广州传统岭南建筑资源发掘的不足之处

文旅产业的生命力在于独特文化内涵及其呈现的特色体验。传统岭南建筑本身极其具有这个发掘的潜质。但目前广州在资源的利用、产品的开

发、资本的运用等方面，都还存在相应的不足。

（一）资源梳理和统筹不足

一是建筑资源位置和管理机构分散。广州传统岭南建筑的分布广泛，管理机构多，造成景区多、景点小，分属不同部门管辖，各自为政现象比较严重。二是缺少统筹经营管理的企业机构。根据《广州市机构改革方案》，组建文化广电旅游局（文物局），从政府层面上有利于促进文旅产业，但广州严重缺少具有一定资源整合力的大型文化旅游企业来统筹整合资源，进行具体的资源统筹和开发工作。三是政策资源统筹不足。当前广州市的文化旅游融合问题主要是体制机制政策不健全，发展与制度之间不配套，政策上文化归文化，旅游归旅游、规划归规划的现象依然存在，围绕文旅开发的系统政策配套还不成熟。

（二）品牌建设和营销不足

一是建筑资源背后的文化内涵发掘不足。传统宗教建筑承载的禅宗文化，明清时期的书院和祠堂建筑承载的广府文化及其传统艺术，西关大屋和骑楼承载的海上丝绸之路及商行文化，沙面建筑群及中山纪念堂、大元帅府等承载的中国近代革命文化等，对其历史沿革的梳理和文化内涵的开发，相对粗糙、模糊。二是品牌建设定位不高。缺乏具有世界影响力的文游品牌，品牌创意僵化，文化IP定位模糊，文化含量不高、粘连程度不够。对旧建筑的开发利用程度远远落后于其规模。三是营销形式单一，消费者体验性不好。对广州市文化旅游产品的推广力度不强，往往注重单点单时段的推广，推广方式传统、落后。此外消费者对文旅产品的体验一般，沉浸式体验不足。

（三）市场引导和运作不足

一是产品开发程度不高，大量资源闲置。骑楼和沙面西洋建筑大量闲置。不同文旅资源之间的整合开发不足。二是市场引导政策不够，对历史建筑的保护、开发，主要是以政府资金为主，投融资模式僵化，社会资金和其他市场主体参与度有限。三是产业结构不合理。"吃住行游购娱"六大方面，游和购的消费水平有待提升，吃和住的品牌形象有待提升，产业规模化程度不高。

二、依托传统岭南建筑开发，推动广州文旅产业高质量发展的建议

文旅产业牵涉到多个行业和部门，融合不易，传统建筑的价值发掘在于用好其特定的空间以及这个空间所承载的历史文化，因此要坚持"政府统筹、机制创新、市场运作、多方参与、创意先行、典型示范、稳步推进"的思路。

（一）摸清底数，强化统筹，破除资源分散藩篱

1. 摸清底数，做好规划

摸清传统历史建筑的底数，不光是要了解其数量、位置、年代和风格，还要理清建筑之后涉及的文化关键词，为"讲好文化故事"做好准备。从单座建筑到临近建筑群，到不同区域相关联的建筑群落，厘清内在的文化关联，为下一步的发掘，从文化脉络和故事脉络上做好规划。在规划上，不应只是局限于单点的发掘保护，而应该至少以区域为单位，规划到一小时交通圈的资源统筹。

2. 统筹政策，创新机制

发展文旅产业，除文化、旅游行业外，还涉及规划国土、基建配套、金融信贷、财政税收等多种行业政策和多个部门。产业融合、机构融合、市场融合的根本是政策融合和机制创新。在出台老城区新活力的政策上，必须充分考虑传统建筑的价值发掘，并且围绕价值发掘来统筹各个不同部门和行业的政策。如建立特殊项目规划机制，从可行性研究开始全面规划项目开发，给予从国土规划到市政配套等系列支持；如完善产业引导政策，从人才、金融到税收等方面予以倾斜；如健全区域合作机制，统合不同区域的文旅产业资源，打造特色文旅体验链条。

3. 组建机构，整合资源

组建大型文旅产业集团，以国有资本为主体引入不同是市场主体参与，并充分整合交通、食宿、娱乐、旅游等相关产业，打造大型文旅集团。在此基础上，围绕传统岭南建的价值发掘，将相关建筑的优势资源

注入其中，按照不同项目策划，打造项目公司来具体实施。

（二）突出创意，构建品牌，重新定义广州形象

1. 粘连文化，突出创意

建筑是凝固的历史文化。用岭南建筑讲好岭南故事，给消费者带去岭南传统文化的体验，才是对传统建筑价值发掘的最佳途径。文旅产业的优秀创意在于独特的文化标识以及参与和体验。因此对传统岭南建筑的文旅价值发掘，需要粘连独特的文化因素，并突出独特的体验价值。如与广州延续两千年的商贸文化粘连，荔湾区可以利用丰富西关大屋和骑楼资源，突出"商贸福地、风情西关"的文旅创意，在依托西关大屋、十三行、骑楼、河涌等建筑资源条件下，整合行商文化的，营造"叹早茶、住大屋（骑楼）、坐花船、听粤曲、行花街、买广绣"等系列全天候传统岭南"乡愁"文化体验，增加过夜游客提高消费水平。

2. 围绕定位，构建品牌

围绕广州是海丝文化发祥地、红色文化策源地、岭南文化中心地、改开文化先行地四大定位，围绕"吃住行游购娱"六大要素，点面结合构建广州文旅特色品牌。建议在全市域打造"千年商都、包容广州"的大品牌格局下，从面上讲，如可依托南越王墓遗址、南海神庙、黄埔古港、北京路遗址等传统建筑，粘连波罗诞等节日和海丝及商行文化，打造"千年商都、海丝起点"子品牌；依托陈家祠、余荫山房、沙湾古镇等传统建筑，粘连广府庙会等传统岭南文化和岭南艺术，打造"广府印象、岭南古风"子品牌；依托黄埔军校旧址、中山纪念堂、三大旧址、农讲所等传统建筑，粘连近代革命历史文化，打造"红色广州、革命源地"子品牌等。从点上讲，如在"住"的方面，可修葺开发闲置的骑楼资源，大规模打造高端骑楼民宿子品牌；可依托西关步行街资源全时段打造"花街"子品牌等。通过品牌的打造，用文化脉络打通旅游线路，开发各类创意产品，使文旅产品能够吸引人、留住人。

3. 抓住时机，积极营销

讲好故事是文旅产业发展的核心能力。但要吸引消费者来听故事，还要做好积极的营销，做到"推开来，请进来，引过来，迷上来"。"推开

来"是指将品牌和创意推广开来。应搭建一个固定的文旅品牌推介结构或组织，集中推广旅游品牌和旅游线路，充分运用互联网平台，做到集中资源做推广。"请进来"是指各类赴外的主题推介等，通过在旅游博览会、年关节庆前夕等时机举办推荐，如利用"广州过年、花城看花"等时机，充分整合文旅产品大力邀请消费者。"引过来"是指吸引来广州出差、参加商贸活动等方面人士，如参加广交会的时机，将消费者从商务酒店引入文旅区域，提供其更加舒适的食宿行等配套体验，将其发展成广州文旅品牌的推广者。"迷上来"是指通过积极营销和服务，增加消费者重复消费的次数。

（三）开放市场，调整产业，有序运用社会资源

1. 开放市场，引入资本

对传统建筑的价值发掘，是"老城市新活力"总体要求的最好阐释。在城市更新中结合文旅产业开发，对传统建筑进行再次定位，是文旅产业发展的最佳途径。但这个过程需要大量的资金投入，光靠政府投资是远远不够的。因此在开放市场、引入资本方面，需要不断创新，需要有效利用市场机制，创新投融资方式。上海新天地、广州永庆坊的开发利用是很好的案例。在此基础上，应进一步明确建立"政府规划、创意先行、开放市场、引入资本、多方盈利"的融资机制，用好PPP、BOT、政府采购服务等，积极引入民间资本或外资共同参与。

2. 引入资源，鼓励文创

文旅产业是多元的产业，光依托传统建筑资源还不够，应以建筑资源为载体，以文化内涵开发为核心，系统开发周边文创产品。如在岭南文化开发方面，应在岭南建筑中引入岭南传统手工艺、美食、绘画、服饰、戏曲相关产业资源，同时也要强调文创产品的时代性、创意性和趣味性。吸引鼓励文创企业、非遗手艺人等入驻相关传统建筑，形成良好的文旅现场氛围。不仅要让消费者"吃得美"，还要"带得走、穿得靓"，带动具有广州特殊文化标识的文创产品形成产业规模。

3. 优化市场，调整结构

要解决旅游消费"吃住行购游娱"六个方面散乱差的问题，需要优

化市场、调整结构、培育品牌。重点优化购、娱两个市场，如打造具有文化创意的如西关小姐特色玩偶、旗袍、丝巾、团扇等系列购物产品；打造富有特色的粤曲、木偶戏、讲古等娱乐产品等，提高消费水平。重点调整住、游两个市场结构、依托传统建筑打造高端特色民宿，如西关大屋民宿和骑楼民宿；依托重点岭南传统建筑打造文化体验场所，如体验西关小姐的日常生活，体验行商文化的品质生活等。重培育吃、住两个品牌，如依托西关打造广州特色西关大屋生活体验，打造特色传统美食系列，如早茶、早晚粤菜、糕点小吃、特色宵夜等。切实做到让消费者在沉浸式体验中开心消费。

（朱锋）

发展体育旅游助力广州全域旅游建设之思考

全域旅游是指在一定区域内，以旅游业为优势产业，通过对区域内经济社会资源尤其是旅游资源、相关产业、生态环境、公共服务、体制机制、政策法规、文明素质等进行全方位、系统化的优化提升。根据《广州市人民政府关于进一步加快旅游业发展的意见》所设定的广州市旅游发展目标：广州要成为世界旅游名城和重要的国际旅游目的地、集散地，全面实施"旅游+"战略，明确积极推进"旅游+体育"融合发展。广州拥有丰富的体育资源，具备一定的体育旅游功能和价值，潜在广阔的体育旅游发展空间。

一、广州发展体育旅游的显著优势与主要经验

体育旅游，作为旅游产业和体育产业交叉渗透产生的一个新的领域，从概念上讲，可分为广义体育旅游和狭义体育旅游。广义体育旅游是指以体育资源为载体，体育旅游参与者在从事体育健身、体育休闲、体育探险、观看体育赛事、参与（体验）体育活动及体育文化交流等活动中与旅游地、旅游景区、旅游企业及社会之间关系的总和。狭义体育旅游是指以体育资源为载体，以观看、参与（体验）体育运动项目为主要目的的有组织的旅游活动。

广州作为一个超大城市，体育场馆众多，体育设施配置齐备，运动休闲基础设施建设日益完善，体育赛事种类丰富，具有一定的体育文化积淀，体育运动氛围活跃，据2017年由人民日报及人民网主办，人民体

育、人民网舆情监测室联合发布的"最具体育活力城市排行榜",广州以88.03分位列第5名。

（一）齐备的体育基础设施

广州拥有举办各类大型体育项目比赛的经验和场馆，在天河体育中心建设有体育场、体育馆、游泳馆、棒球场、篮球城、保龄球馆、足球场、广州网球中心场以及全国首条全民健身路径等体育设施；在广东奥林匹克体育中心设有可容纳8万人的体育场以及田径场、马术场、射箭场等；广州大学城体育中心设有自行车馆、轮滑馆等；还有可容纳10000名观众的广州体育馆、华南体育娱乐的新地标广州国际体育演艺中心、广州融创雪世界等，这些场馆既是举办综合赛事、各类单项赛事的硬件基础，也是大众参与运动健身的基础设施资源。

除此以外，广州还建设了许多城市绿道、跑道、登山道、自行车道等运动休闲场地，上述专用道集休闲健身及旅游观光双重功能，其中不少都途经广州的著名景点，如新开放的广州首条空中步道，串联麓湖公园、越秀山公园等8大城市公园，从中山纪念堂可直上白云山，通过休闲徒步可将广州的岭南风光尽收眼底。

这些场馆及场地是广州体育旅游发展的重要硬件载体、资源优势，专业体育场馆可承载各类大型专业赛事，有力刺激了大众进行体育旅游消费。而运动健身休闲场地的设置，则满足了大众对户外运动游憩的需求，丰富体育旅游的内容，拓宽了体育旅游的发展空间。

（二）特色的体育竞技赛事

据不完全统计，2017年广州举办国际级比赛10项，2018年17项，2019年增加到22项，国际级、国家级赛事呈逐年增多趋势，篮球、足球、羽毛球、乒乓球、马拉松、橄榄球、网球、帆船、马术、攀岩、桥牌、国际象棋等项目比赛，均为国际级、国家级项目。

极具影响力的广州马拉松虽然年轻，但成绩斐然，2012年创办以来，一步一个台阶，2014年被评为中国马拉松金牌赛事，2018年，荣获国际田联路跑赛2018年金标赛事称号，2019年获得当年最具影响力马拉松赛事排行榜第3名，2020年4月获得世界田联2019赛事评分排名29名。2019年广州马拉松报名人数已突破10万人，可谓一额难求，3万名选手来自全国各地和40多个国家，全马、半马线路设计尽赏花城珠水，观赛群众超过10万人，沿途市民热情助威，俨然一个盛大的嘉年华，在促进大众参与健身活动之余，也极具旅游吸引力。

广州国际龙舟邀请赛，作为一项民间传统运动项目，独具地方特色，2018年龙舟赛吸引了来自22个国家的122支队伍参赛，2019年珠江水面上除了"百舸争流"的盛况外，还有32条彩龙竞艳表演，8条游龙助兴展示，极具视觉观赏性，展示了别具一格的岭南水乡特色和传统龙舟文化，吸引了超过3万名观众参与。

世界羽联世界羽毛球巡回赛总决赛，近5年锁定广州，每年都吸引1万多名粉丝观战。

各类特色赛事是体育旅游发展的软实力。特色赛事的举办，使广州体育市场的经营活动日益增多，体育与其他产业的交流也越来越频繁紧密，为体育与其他产业的结合发展提供了良好的社会环境，在城市旅游形象的塑造还是在经济社会效益的带动上都具有非比寻常的意义。

（三）丰富的体育文化积淀

体育文化积淀也是体育旅游发展的重要资源。

广州成功举办的2010年亚运会、亚残运会不仅极大地推动了广州体育事业发展，也积累了宝贵的体育文化资源，广州亚运会、亚残运会博物馆是一个展示广州亚运成果、宣传广州亚运精神的体育文化阵地，有助于广州体育事业的可持续发展，时至今日亚运会文化对广州的体育乃至城市形象塑造仍有一定影响力。

中国体育文化博览会、中国体育旅游博览会落户广州，连接了广州与国内外体育文化和旅游产业的交流渠道，成为了展现广州体育文化魅力的窗口，创造了体育与旅游产业聚集整合和对接交流的平台，也是广州体育旅游发展的重要资源之一。

（四）推动体育旅游的主要做法

在体育领域，重点是努力提高在广州举办的各类国际体育竞技项目比赛的规格，引入有影响力的高端赛事，邀请更多的体育明星来广州参加比赛，从而吸引更多的体育爱好者来广州观赛。如第16届广州亚运会、世界羽毛球团体锦标赛（汤姆斯杯和尤伯杯）、世界羽联羽毛球世界巡回赛总决赛、亚足联冠军联赛、广州马拉松赛等等的成功举办，吸引了众多国家和地区的运动员前来广州参加比赛，也吸引了大量的体育爱好者来广州观赛。

在旅游领域，通过设计观赛+旅游线路，提供各类"套餐"提供参赛选手和观赛观众选择，丰富了赛事的服务内容，提升了运动员与观众的体验，收到良好的效果。

在推广上，宣传部门多渠道，多形式，全方位展示广州的历史、文化、美食等内容，引发参赛选手和观众去触摸、去感受这座历史悠久的、多元化的国际大都市。

二、广州发展体育旅游值得重视的主要问题

目前广州的体育旅游处于狭义的体育旅游层面，距离广义上体育旅游，也就是全域旅游下的体育旅游有较大的差距，在资源开发、整体规划、产品设计和策划推广方面仍未成熟。存在以下主要问题：

（一）体育旅游开发缺乏整体规划

广州体育资源丰富，各类体育项目的专业体育场馆配套齐全，体育师资充足，还有许多城市绿道、跑道、登山道、自行车道等运动休闲基础建设，是体育旅游发展的突出优势，潜在的发展空间巨大。但在体育旅游发展过程中，上述资源未能被充分有效开发利用，未形成产业特色，缺乏全域旅游视角下的发展规划，限制了体育旅游的发展格局。

（二）缺乏对体育大赛作为旅游产品的设计

高品质的体育竞赛项目，对游客特别是数量庞大的体育爱好者有极大的吸引作用，广州每年举办的国际级、国家级赛事众多，蕴藏着深厚的体育旅游资源，如广州马拉松赛事、国际龙舟邀请赛事等特色品牌，如果开发的好可以产生持续性的品牌效应，创造良好的体育旅游口碑。但目前尚未有针对特色赛事的体育旅游产品，没有围绕赛事将体育旅游资源进行深度挖掘，高端品牌赛事蕴藏的发展潜力仍未得到有效发挥。

三、广州发展壮大体育旅游的对策建议

（一）提高认识，创新体育旅游工作思路

社会各界特别是体育、旅游领域工作者要充分认识到，系统发掘和盘活体育资源、推动体育产业提质增效，是拓展旅游流量空间必然选择，对于培育经济发展新动能，拓展经济发展新空间具有十分重要的意义。一要发挥专业品牌赛事优势，加大旅游宣传策划与营销力度，培育发展竞赛竞技、体育服务、旅游消费为一体的综合型产业；二要将群众性体育活动与市民旅游休闲有机结合进来，利用体育场馆、休闲绿道、自行车道、登山步道等体育公共设施开展体育旅游活动；三要鼓励旅行社开发体育旅游产品和路线，引导和支持有条件的旅游景区拓展体育旅游项目或创建体育旅游基地。

（二）全面布局，共同推动体育旅游开发

重视顶层设计，针对我市体育旅游总体供给不足，产品结构单一，基础设施建设滞后，体制机制不顺等突出问题，建议在城市建设规划中综合考虑体育旅游发展方向，在城市建设上科学布局建设高质量的体育场地和设施，使之能承接更多高端体育赛事；配套规划更多休闲健身场所，满足广大市民及游客的需求。同时加强对广州体育旅游形象的塑造，以知名度高、品牌效应强的体育赛事作为推手，以中国体育文化博览会、中国体育旅游博览会作为窗口，加强体育文化、体育旅游的宣传推广，吸引更多的国内外游客。

（三）强化特色，以高端体育赛事打造"赛事+旅游"品牌

以观赛为抓手，以服务为途径，以观光美食为辅助、以提高良好体验为目的，对目前广州最具特色和最具影响力的广州马来松比赛、广州国际龙舟赛、世界羽联世界羽毛球巡回赛总决赛等高端赛事进行旅游产品包装设计，打造特色品牌。

（四）多向拓展，开发丰富的体育旅游品类

体育旅游是一个大概念，是体育与旅游的交融，但不是简单的体育和

旅游的功能叠加，还涉及与之相关人文历史、自然生态、教育、经济、服务等诸多要素，体现了全域旅游的协同发展特点。因此，发展体育旅游项目，需要综合考量，因地制宜，充分发挥地方资源优势，多向拓展，不断丰富体育旅游产品品类。

而落实到具体的赛事旅游、体育表演、运动体验等产品开发上，则需要依托不同的市场需求进行细化，开发出满足不同职业、年龄等群体特点的体育旅游产品，譬如针对品牌赛事观赛的可以开发观赛助威类的体育旅游产品，针对大型体育赛事可从大众体育娱乐方向拓展，针对体育学习交流方面可以开发体育游学类产品，还有运动游憩、极限运动体验等等旅游模式，满足市场上对体育旅游消费的多元化和个性化需求。通过多维度挖掘体育旅游发展的可能性，最终形成完整的产业链和配套的服务链，以求创造体育旅游最优的经济效益和社会价值，为广州市全域旅游建设添上浓墨重彩的一笔。

（崔桂媛）

第六章
对外文化交流门户建设工程

▲ 提升广州城市文化品牌影响力研究

▲ 打造岭南国际文化交流平台 创新文化传播路径

提升广州城市文化品牌影响力研究

提升城市文化品牌影响力，培育强大的文化软实力，是贯彻落实习近平总书记视察广东重要讲话精神，推动城市文化综合实力出新出彩的应有之义。一个城市通常有自己特色鲜明的城市主题文化，比如香港的开放文化，澳门的多元共融文化，提起深圳大家都会想到创新，说到杭州就会联想到"上有天堂，下有苏杭"等。广州作为第一批国家历史文化名城，在城市文化品牌影响力上还有很大提升空间。本报告着重从现有文化资源条件出发，围绕红色文化、岭南文化、海丝文化、创新文化四大文化品牌的发展战略，开展基于提升城市文化品牌影响力的调查研究，旨在通过谋划广州提升文化品牌影响力的具体举措，为广州建立起与国际大都市、粤港澳大湾区文化中心相匹配的城市文化品牌影响力提供建议。

一、广州城市文化的现状和基础

广州文化古今同框、中西合璧，作为古代海上丝绸之路发祥地、近现代民主革命策源地、改革开放前沿地、岭南文化中心地，拥有丰厚的历史文化资源。近年来，广州文化建设取得长足发展，文化事业与文化产业双轮驱动，文化活动与经济发展互促共融，文化产业支柱性地位更加凸显，文化影响力和国际形象大幅提升。

（一）历史文化积淀厚重

一座历史悠久的城市都会拥有独具地域特色的传统文化，有着2200多年建城史的广州，具有岭南特色的丰富文化资源。全市现有全国重点文物保护单位29处，历史文化名镇名村7个，历史文化街区26片，镇海楼、光孝寺、陈家祠等历史建筑721处，4A级以上文化旅游景区26处。"非遗"

文化资源众多，全市共有国家级非遗名录17项、省级非遗名录80项、市级非遗名录141项，其中古琴艺术（岭南派）和粤剧入选联合国教科文组织"人类非物质文化遗产代表作名录"，南越国遗迹、广州海上丝绸之路遗迹等6处遗迹被列入《中国世界文化遗产预备名单》。传统艺术百花齐放，拥有粤剧、广东音乐、岭南画派三大艺术瑰宝，茶文化、花文化、古玩文化、玉器文化、饮食文化等享誉全国，"三雕一彩一绣"闻名世界。

（二）红色文化资源丰富

广州是一座英雄城市，红色文化资源丰富。全市共有各类红色革命史迹115处，其中全国重点文物保护单位4处，省级文物保护单位5处。近年来，广州推动红色革命遗址活化利用，打造了中共三大会址、毛泽东同志主办农民运动讲习所旧址、广州起义纪念馆等一批重点红色景点景区，创作推出了粤剧《刑场上的婚礼》、舞台剧《初心》、沉浸式话剧《广州起义》、中共三大纪录片等一批红色文化精品，开办红色文化讲堂，打造红色旅游线路、红色讲解员大赛、红色研学等系列红色文化旅游活动，红色文化资源得到充分挖掘保护和活化利用。

（三）公共文化服务设施体系完备

作为粤港澳大湾区文化中心，广州公共文化服务设施走在全国前列，先后建成广州歌剧院、广州图书馆、广州国家档案馆、南越王宫博物馆等一批重大文化基础设施，构建起华南地区最完备的重大文化设施体系。公共文化服务网络基本建成，城市"10分钟文化圈"基本实现，全市公共文化服务设施面积达200万平方米，建成公共图书馆11家，各类博物馆（纪念馆）61家，其中公共图书馆总建筑面积达27万平方米（不含省级图书馆和街镇分馆），广州图书馆建筑面积达10万平方米，成为世界上以城市命名单体面积最大的图书馆，各项指标均居全国首位，跻身世界著名公共图书馆前列，广州大剧院跻身世界十大歌剧院。

（四）文化产业发展基础良好

全市共有珠江钢琴、长隆集团、珠江电影等上市文化企业31家，高新技术文化企业逾1000家，喜羊羊与灰太狼、猪猪侠等四大动漫系列入选全国动漫十大品牌。建成150多个文化创意产业园（基地），广州高新区被认定为第二批国家级文化和科技融合示范基地，天河区获评首批"国家文化出口基地"，北京路文化核心区入选第一批国家级文化产业示范园区创建资格。整合中国（广州）国际纪录片节、中国（广州）国际演艺交易会、广州艺术节、中国国际漫画节、广州国际艺术博览会等节展打造"广州文交会"。2018年全市文化产业增加值（预计）达1260亿元，占GDP比重达5.5％，成为超千亿元产业和新的支柱性产业，人均文化娱乐消费支出4991元，居全国第一。文化建设的巨大成就为城市文化品牌建立了良好的基础，广州一直以来作为岭南文化中心影响深远。

二、在城市文化品牌影响力方面存在的问题

城市文化是一座城市灵魂所在，是一座城市的竞争力、影响力和辐射力、凝聚力的集中体现，广州具有良好的文化基础和突出优势，但在城市文化品牌影响力上还存在不少短板和差距，与国际大都市、世界文化名城地位还不相匹配。

（一）文化形象不够鲜明，城市文化品牌缺乏影响力

近年来，广州虽在文化建设上下了许多工夫，取得了一定成绩，尤其是通过成功举办亚运会、《财富》全球论坛等重大活动让城市文化形象得到很大改善，但与国际大都市、世界文化名城的称号相比仍有较大差距，特别是在文化体系建构中缺乏特色鲜明的城市文化形象定位、影响广泛的文化标志和提升文化认知度所需要的人文风格。在"千年羊城""千年商都""美丽花城"等名片中，没有进行更深层的提炼和概括，缺乏凝练且广泛认同的城市文化精神。

（二）品牌建设不够重视，城市文化品牌缺乏战略谋划

在城市的建设和发展过程中，忽略了对城市文化品牌的建设，缺乏对城市文化内涵的理解，缺乏对城市文化价值的设计和传承，城市规划建设中没有进行统一的文化考虑和设计，没有突出本地的文化特征，在建筑、标志、结构等方面还存在模仿、复制现象，布局雷同、风格相仿的城市街区在人们的日常生活中占据着越来越显著的位置，"千城一面"的现

象屡见不鲜。广州作为一个老城市的历史积淀、城市个性没能很好地表现出来，造成城市文化空间的破坏、历史文脉的割裂等问题，导致城市记忆和城市情怀逐渐消失。

（三）文化精品不够突出，城市文化品牌缺乏艺术引领

好的文化作品或者文艺作品对城市文化品牌的建设具有重大意义，流行音乐、影视作品《外来妹》等曾经让广州城市文化品牌享誉全国。近年来，广州文化领域也先后涌现出一批文化精品，激发形成一批文化新业态，但总体上看，文化精品越来越少，未能延续上世纪八九十年代的文化辉煌。文艺内容创新相对乏力，优秀原创作品稀少，核心创意对外依赖度高，尤其是文艺精品力作偏少，文艺创作有数量缺质量、有"高原"缺"高峰"，具有广泛传播力和深远影响力的"扛鼎之作"不多。

（四）龙头带动不够明显，城市文化品牌缺乏动力支撑

大型知名文化集团对城市的影响力带动效用非常明显，与北、上、深等一线城市相比，广州文化综合实力并不弱，总体体现了"第三城"地位，但其文化产业竞争力却相对不足。产业总体规模较小，不足北京、上海的一半，也低于深圳。产业结构层次低，以内容产业为主的核心层增加值仅占20%左右，其中文化艺术业仅占1%，大大低于国内外先进城市水平。优势文化品种少，除动漫游戏、创意设计外，广州在报业、影视、出版、体育、艺术业等领域的竞争力全面下滑。文化"航母"型企业弱，目前，全国文化企业30强中无一家是广州企业，广州缺乏像腾讯、凤凰卫视、宋城演艺、华策影视、东方明珠、芒果传媒那样的知名文化"航母"。

（五）宣传推广不够力度，城市文化品牌缺乏知名度

城市文化品牌的打造需要持久的品牌策划和宣传。广州虽然注重加强国际国内形象传播，但开展专门的城市文化品牌策划和宣传却不够，城市形象LOGO整体包装和开发利用不够，城市国际品牌形象统一鲜明、文化走出去格局急需拓展。推进"一带一路"媒体机构和区域性民间机构的合作和交流格局需要进一步扩大，国际高端学术平台、文化品牌较少，与全球智库、媒体、非公组织、教育、高校、科技界等合作力度较弱，国际营

销渠道、推广资金扶持力度不足；对优秀传统文化和非遗文化产品的开发较弱，具有岭南特色、主题鲜明的系列城市外宣品生产不够。外宣阵地整合机制不健全，统筹全市外宣资源力度不足。

三、提升城市文化品牌影响力的对策建议

加强城市文化品牌的建设是一项系统工程，除了要综合加强文化建设外，也需要围绕文化品牌进行科学系统的顶层设计、城市空间环境的统筹规划、历史文化资源的系统整合以及商业巨头的强力带动。

（一）确立鲜明的城市文化符号

要加大力度深化研究，对海上丝绸之路文化、近现代民主革命策源文化、改革开放前沿文化、岭南文化进行深度挖掘和研究，对"千年羊城""千年商都""美丽花城""食在广州"等文化品牌进行内在升华，提炼出简单、鲜明、形象、富有高度认同的城市文化符号，把广州市红色文化、岭南文化、海丝文化、创新文化的内涵和精神整体挖掘和充分展示出来。

（二）打造凝神聚气的城市文化标识

在鲜明的城市文化品牌符号下，着力打造一批具有辨识度的城市文化标识，成为广州独具代表性的文化特色，让游客能够有所看、有所思、有所想、有所忆。一是高标准整合打造一组文化展馆，按照红色文化、岭南文化、海丝文化、创新文化集中建设四个大面积的、现代化的展馆，运用视频、光电技术、实景展厅等当前最新科技手段丰富展馆的内容，让每一位市民和游客都能够且愿意集中在同一个时间和同一个地方深刻感受广州的千年文化特色，并留下深刻的印象。二是整合打造一部代表广州文化的剧作，集中广州市文艺院团的力量，打造一部带有浓厚广州文化特点的精品力作，在花城广场或珠江等具有代表性的地方，固定黄金时间开演，让每一位市民和游客深刻体会到广州文化内涵，并留下深刻的思考。三是整合打造一部广州文化代表的电影，聘请国内外优秀导演以广州文化题材打造一部特色的电影，在全市定期播放，让每一位市民或游客体会到广州文

化的精髓，并留下深刻的记忆。四是整合打造一席广州文化代表的饭菜，以味蕾的感受，让每一位市民或游客体会到广州文化的味道，并留下无限的回忆。五是确定城市的主题色彩和图案等。在车站、广场、商业中心、城市公共交通等城市的公共空间统一为代表城市的主题色彩、图案等，形成城市品牌对外宣传的主要视觉要素，让每一位市民或游客耳目一新的独特印象。

（三）全方位提升城市文旅功能

文化使得旅游负有更多的人文内涵，而旅游使得文化得到更广泛的传播，要多方位推动文化旅游融合，全面提升城市文旅功能，让每一位游客成为广州城市文化的代言人。一是提高公共文化服务水平，增强文化旅游体验感。建立健全城市公共基础设施，比如加强城市地图、城市交通标识、城市文化设施指引、城市综合旅游服务等。创新实施文化惠民工程，构建标准化、均等化、现代公共文化服务体系。始终秉承人性化理念，并融入本地的文化特色，以丰富城市建设的内涵，使市民与外来游客在享受公共基础服务时能够保持轻松愉悦的心情，并在接受公共基础服务的同时，增强对城市的认同感，有效地凸显城市品牌形象。二是创新文化旅游融合业态，实施"互联网+"战略，引导文化旅游重点区域和项目建立门户网站，实现线上线下联动发展，建设覆盖全市的文化旅游咨询服务体系和标识导览系统，推动旅游景点网上联动，共同打造旅游矩阵，丰富文化旅游元素。三是加快构建文化旅游重点功能区，围绕"一江两岸三带"建设打造"广州塔·珠江黄金水段"文化旅游示范区，提升天河路文化旅游商圈，打造北京路文化核心区、西关文化商旅活化提升区，打造一批"宜居、宜业、宜游"特色小镇，开发中医药特色旅游线路和生态养生休闲游，推动融合集聚发展。四是打造文商旅精品线路，重点开发具有岭南代表性的历史文化旅游精品线路、具有岭南文化特色的商贸文化旅游产品，重点建设新中轴线都市休闲观光旅游产品、长隆游乐主题旅游产品、周边农家乐休闲农业旅游产品，优化提升森林温泉养生系列产品，提升海上丝路文化旅游产品、以珠江游为主的岸线观光与文化休闲旅游产品、绿道游河涌游休闲产品、海滨邮轮度假旅游等产品品质，培育文化旅游品牌。

（四）培育大型文旅集团，增强文化巨头的带动力

做好对世界知名文创龙头企业、国内知名文创龙头企业的招商工作，大力引进世界500强文化类企业地区总部和全国30强文化企业总部及其研发基地、交易中心落户广州。大力引进国内外知名影视企业在广州设立区域总部、分支机构，建设全球电影后期制作中心，打造集影视制作、商业、娱乐、文化、度假、观光旅游为一体的国际一流影视制作与体验基地。实施打造"文化旅游航母"工程，实施国有文化企业振兴计划和骨干文化企业培植工程，深化市属国有文化企业股份制改造和混合所有制改革，推动产业关联度高、业务相近的国有文化企业兼并重组、转型升级，引导广州岭南集团、广之旅等商业龙头或旅游品牌公司实施跨界关联投资，加快组建广州大型文化旅游企业集团。大力扶持"老字号"，鼓励优质"老字号"企业通过资本运作和品牌延伸组建文化旅游一体化集团。做大做强全国文化创意之都，打造动漫游戏产业之都，高水平办好中国国际漫画节等节庆活动，打造全球文化装备制造中心，全力壮大文化企业集团实力。

（五）加强宣传策划形成立体传播体系

把城市文化品牌的宣传推广作为一项长期性工作来抓。一是加强城市文化品牌的宣传统筹。围绕红色文化、岭南文化、海丝文化、创新文化，坚持以统一的城市文化符号、文化标志、文化产品开展宣传活动。建议政府扶持和购买服务的形式，确定一家由高水平专家组成的城市品牌战略传播策划和实施的公共关系或传播策划公司，常年不间断开展城市文化品牌的宣传、策划、推介活动，统筹全市的城市文化品牌宣传。二是构建多媒体宣传矩阵。抓住大数据、云计算、人工智能、区块链等新技术与传统媒体融合发展契机，采用多种媒体表现手段，不同媒介形态，从各个角度对城市地域文化加以宣传。建立多语种对外传播阵地，与中央外宣媒体、国际主流媒体、境外华文媒体的交流合作，使用多媒体传播形式和手段全方位、立体化宣传推介广州。 三是综合利用各类平台开展宣传活动。积极开展城市国际传播路演推介，加强海外文化阵地建设，建立与"21世纪海上丝绸之路"沿线国家和地区官方和民间多领域文化合作机制，善于借助

中非合作高峰论坛、中国进口博览会等国际一流会议会展平台，做好国际城市形象传播，讲好中国故事、广州故事。进一步加强与国际国内知名文化制作、经纪、营销机构的合作，借助各类国际性活动平台，推动广州的文化企业、文化产品"走出去"。

（陈州）

打造岭南国际文化交流平台
创新文化传播路径

2018 年 10 月，习近平总书记视察广州荔湾区永庆坊时指出，城市规划建设要高度重视历史文化保护，更多采用微改造这种"绣花"功夫，注重文明传承、文化延续。党中央、国务院大力实施文化强国战略，积极推动社会主义文化繁荣兴盛，激励传统文化创造性转化、创新性发展的政策导向更加明确。广州荔湾是广府文化的发祥地，是岭南文化最集中、最具代表性地区之一。通过打造荔湾岭南文化示范区，规划建设以荔湾为核心的岭南文化中心区，创造性转化、创新性发展岭南文化，让城市留下记忆，让人们记住乡愁，推动老城市焕发新活力，是落实习近平总书记视察广东重要讲话精神的政治要求，是坚持中国特色社会主义文化发展道路、落实国家粤港澳大湾区战略的重大举措，对广州建设文化强市，打造社会主义文化强国的城市范例具有重要意义。

一、打造岭南文化国际交流中心

以世界眼光和全球视野挖掘岭南文化的优势潜能，充分发挥毗邻港澳优势，高水平打造文化交流平台，加强对外交流互鉴，创新文化传播路径，提高岭南文化影响力和国际知名度，建设世界知名的岭南文化国际交流中心。

（一）打造具国际影响力的文化交流平台，提高岭南文化影响力和国际知名度

1. 优化提升现有大型公共文化设施功能

将粤剧艺术博物馆打造成以广府戏剧曲艺为特色、有国际影响力的公共文化活动综合体，搭建全球粤剧粤曲文化交流平台，探索建设大湾区文化交流示范基地。提升文化公园现代文化功能，强化十三行文化品牌，打造大型市级公共文化活动中心。活化利用荔枝湾西关民俗风情区，打造成活态的非遗文化交流展示园区。以高端时尚为定位、以中西文化交融为特征，将沙面打造城市"艺术岛"，成为引领华南高端时尚与文艺的地标。

2. 建设公共文化交流服务体系

加快推进"三馆"项目建设，使其成为粤港澳文化交流创新中心常设基地，推动社会专业机构加强合作交流，共同打造艺术社会实践创新示范区。升级芳村体育中心，打造成为国际体育运动文化交流中心；适时启动大坦沙岛南端岭南文化演艺中心项目。落实新图书馆规划用地选址，加快推进项目建设。加快推进公共文化服务数字化建设进程，借助互联网、云技术以及现代通信技术等手段，加强公共文化大数据采集、存储和分析处理。

（二）建设大湾区品牌文化交流先行区

探索实施穗港澳跨界重大文化遗产保护工程，加强在传统文化、现代文化领域的全面合作，提升文化品位和影响力。一是传承发扬传统文化。围绕粤剧粤曲、美食、武术、龙舟、醒狮等大湾区最具共性与代表性的项目，开展系列特色品牌文化交流活动。申报以粤剧粤曲为核心的国家级文化生态保护试验区；组织举办"粤港澳粤剧周"、"粤曲高手在民间擂台大赛"、粤菜厨师工程、粤食粤有料、岭南群英会、泮塘龙船景、岭南狮王争霸赛等活动，形成精彩纷呈、和谐交融的岭南传统文化发展氛围。二是创新发展现代都市文化。为岭南传统文化注入时代特征，在创新发展中融入符合现代社会的新鲜元素。在传统文化传播中引入互联网、新媒体等技术，利用漫画、微电影等现代艺术表现形式，增加传统文化传播的亲和力。鼓励发展传统文化元素和现代时尚符号融合的工业设计与创意设计，提升产品文化内涵和附加值，形成岭南文化价值输出高地。结合现代文化艺术活动，围绕音乐、影视、创意设计、动漫、演艺、当代艺术等领域开展主题活动，举办大湾区公益微电影节、南粤影视名人展、粤语流行音乐榜、湾区工业设计周、岭南三年展等活动，形成具备浓厚岭南色彩的现代文化发展体系。

（三）打造大湾区国际文化交流合作枢纽

探索联合粤港澳大湾区内各地博物馆，组建文博联盟，加强在收藏、研究、展览、文创开发营销等方面的合作，并逐步走向国际。发挥八和会馆在全球粤剧界的影响力，重组国际八和粤剧总会，联络走访世界各地粤剧界，定期交流，传播粤剧文化。设立岭南非遗传承创新项目中心与专家站，推动岭南非遗传承与创新孵化项目合作。依托广州文化产业创新创业孵化园（原珠江钢琴厂区），积极引进港澳音乐、影视产业资源，共同打造音乐影视国际创新中心。与港澳联合举办粤剧动漫嘉年华、粤港姊妹学校缔结交流、穗港澳粤剧日、青少年研学游等活动，打造以文化为纽带的穗港澳青少年交流平台。创新培育戏曲私伙、年节民俗等民间特色文化活动，并通过国家外交、友好城市交流逐步推向国际。

二、建设岭南文化传承展示中心，带动周边区域岭南文化同步发展

立足国家中心城市及岭南文化中心城市定位，深入挖掘传统建筑、曲艺、民俗、宗教、中医药等岭南文化时代内涵和资源价值，通过现代技术手段，进一步展现岭南文化独特魅力，彰显广州国家历史文化名城核心功能区地位，打造具有全球影响力岭南文化传承展示中心。以荔湾岭南文化示范区建设为引领，串联优秀岭南文化资源，打造传统文化与现代城市文化相互辉映，岭南文化与红色文化有机融合，本土文化与国际文化密切交流的新岭南文化中心。

（一）打造岭南文化遗产对内对外展示门户

统筹推进西关历史城区、历史文化街区和历史文物建筑的活化利用，

加大文物资源调查与保护修复力度，充分展现西关传统街巷肌理、历史文脉、人文内涵和文化元素，全面激发城区发展活力，打造"最广州"风情文化展示交流平台。以文商旅融合发展、活化利用传统岭南文化资源为主线，重点推进荔枝湾西关民俗风情区、恩宁路粤韵创意文化区、陈家祠民间工艺文化旅游区、沙面欧陆风情岛、十三行商埠历史文化区、上下九及华林禅宗文化商贸旅游区和西门瓮城城市历史文化区七大特色功能区建设。融合"网红"元素，借势新媒体提升传播力，以产品推广与文化传播相结合的方式，打造超流量IP。推广永庆坊（一期）成功经验，着力将恩宁路打造成岭南历史文化街区保护活化的精品标杆工程。加快推动华林禅寺扩建工程，提升游客接待能力，推动达摩宗教文化成为传承海上丝路文化的重要组成部分。借鉴上海外滩历史建筑改造经验，推动邮政大楼、南方大厦等沙面、西堤一批历史建筑群活化提质，引入现代商业、酒店、金融、文化创意等高端服务业，重树广州文化地标。深入挖掘十三行兴盛时期西关作为"湾区门户"的深厚历史文化资源，重现"一带一路"历史节点上的广州故事。整合利用芳村沿江工业遗存等独特空间，构建老厂房、仓库、码头等历史建筑、植被与现代建筑交错形成的特色城市空间形态，创新展示岭南工业文化风貌。

（二）以珠江水系联通文化空间格局

以珠江沿岸岭南文化风貌为主线，建设珠江两岸文化景观带。以长堤为主体传承岭南历史文化，以珠江新城、琶洲、广州国际金融城为核心展示现代都市风貌，注重延续沿江优秀历史风貌和景观优化提升，着力建成丰富多元、凸显岭南特色的珠江滨水景观。从白鹅潭到广州大桥，以中西合璧为特点，对历史建筑进行整体外观整治和功能活化等一系列改造措施，形成中西合璧、展现城市变迁的花园式滨水长廊；从广州大桥到琶洲岛东端，以现代多元为特点，以珠江新城、琶洲国际会议展览中心、广州国际金融城为核心，形成现代多元、凸显大都市文化魅力和创新集聚特色的岭南水岸；从琶洲岛东端到南海神庙，以生态低碳为特点，规划发展临港产业、提升港湾活力，形成生态低碳、展现活力与开放的现代港城。

（三）以千年商都融通文化脉络

以商贸为统领，以文化为根基，把广州重要的旅游点和文化场所打造成商业旺地。将荔湾—越秀文化商旅区、广州北站商务区—融创文化旅游城、汉溪—长隆—万博商旅圈等功能区打造成为集"食、住、游、购、乐"于一体的商旅文产业链。推动沙面—西堤文商旅融合示范区、上下九商圈、天河都市休闲购物娱乐产业商圈、北京路文化旅游区、万博商圈、天河中央商务区、广州国际金融城等商圈与旅游业融合，打造集特色购物、休闲娱乐和岭南传统文化于一体的国际商贸旅游区。

（四）以海丝文化带动精品文化线路

以沙面为起点，整合"海上丝绸之路"文化资源，串联粤海关博物馆、邮政博物馆、石室、海心沙、花城广场、西汉南越王博物馆、南越王宫博物馆、镇海楼、光孝寺、清真先贤古墓、南海神庙，打造精品旅游线路；利用十三行故址空间部分重现十三行夷馆历史景状，整合华南地区土特产馆等历史建筑，打造独具历史风貌格调的国际商贸旅游区；以"海上丝绸之路"文化遗址为载体，策划大型水上实景演出项目；打造黄埔古港古村等日夜景观体系。推动与国内外海丝沿线城市合作，串联文化遗址，开发不同文化主题的精品旅游线路。

（五）以优秀文化符号激发文化活力

整合岭南园林、岭南建筑、博物馆、岭南民俗、岭南戏剧、粤剧粤曲、广东音乐、美食等优秀岭南文化资源，大力开发岭南文化体验旅游产品。以西关大屋、骑楼、西关美食、永庆坊、粤剧艺术博物馆等优秀岭南文化符号成功经验为带动，推进泮塘"三月三"系列活动、黄埔波罗诞庙会、广府庙会等"一区一品牌"民间民俗文化活动发展，提升增城何仙姑文化旅游节、南沙妈祖文化旅游节、萝岗香雪文化旅游节等节庆活动水平，扩大广州文化旅游国际影响力。

（孙蔷薇　陈钰娟）

附　录

《广州市推动城市文化综合实力出新出彩行动方案》

为深入贯彻落实习近平总书记视察广东重要讲话精神，建设粤港澳大湾区文化中心，推动广州城市文化综合实力出新出彩，制定本方案。

一、工作目标

坚持中国特色社会主义先进文化的前进方向，围绕举旗帜、聚民心、育新人、兴文化、展形象使命任务，全力打响红色文化、岭南文化、海丝文化、创新文化四大文化品牌，建设社会主义文化强国的城市范例。力争到2022年，实现城市文明显著提升，文化事业繁荣兴盛，文化产业竞争力进一步增强，岭南文化中心地位更加彰显，对外交流门户作用充分发挥，城市文化综合实力与国家中心城市、国际大都市功能互促共进。

二、重点任务

（一）习近平新时代中国特色社会主义思想凝心聚魂工程

1. 坚定不移用习近平新时代中国特色社会主义思想武装头脑。深化实施理论学习头雁工程，扎实开展"不忘初心、牢记使命"主题教育，把习近平新时代中国特色社会主义思想、党的十九大精神、习近平总书记对广东重要讲话和重要指示批示精神，作为党委（党组）会议第一议题，推动习近平新时代中国特色社会主义思想在广州落地生根、结出丰硕果实。

2. 深入推进党的创新理论学习传播。建好用好新时代文明实践中心（所、站），擦亮"百姓宣讲"品牌，打通理论宣传"最后一公里"。推动思想政治理论课改革创新，推出一批21世纪马克思主义理论精品课程。实施"网上理论传播"工程，用好"学习强国"平台，办好"新思想引领新时代"媒体理论特刊和高质量理论传播节目。

3. 打造马克思主义理论研究高地。加强习近平新时代中国特色社会主义思想研究及相关研究基地建设，鼓励有条件的高校申报和建设全国重点马克思主义学院，组织推出一批重大理论成果。实施广州青年马克思主义者培养工程，建设一批研究基地和实践基地。加强与中国社科院等国家高端智库合作，统筹推进15至20个人文社科重点研究基地向新型专业智库转型，擦亮"广州学术季""广州研究"品牌，提高研究成果转化率。

（二）红色文化传承弘扬工程

4. 建设红色文化传承弘扬示范区。支持建设广州市（越秀）红色文化传承弘扬示范区。整体规划保护中共三大旧址、广州起义烈士陵园、农讲所、中华全国总工会旧址、第一次全国劳动大会旧址、杨匏安旧居等红色革命遗址，连片打造革命史迹主题区域，擦亮英雄城市品牌。

5. 打造广州红色文化地标。完善红色革命遗址保护利用机制，实施红色文化设施和革命遗址保护规划建设提质工程。规划建设"中共三大纪念广场"与纪念群雕，整治提升海珠广场广州解放纪念雕像周边环境，建设东江纵队纪念广场。推动广东革命历史博物馆、广州博物馆与中国人民革命军事博物馆开展合作，定期在广州举办革命历史文化主题展览。

6. 深化红色文化研究教育。加强与中央党史和文献研究院合作，支持在广州建设党史展览馆，设立中共三大历史研究中心。整合全省红色文化资源，加快红色革命遗址普查建档，建立广州红色历史资源数据库和广州革命历史文献资源库。统一红色革命遗址挂牌标示。办好新时代红色文化讲堂，把革命遗址打造成为各级党校教学课堂和爱国主义教育实践基地。

7. 打造广州"红色之旅"名片。开展红色旅游资源全国普查试点工作。结合乡村振兴战略和特色小镇建设，鼓励文创企业、旅游企业进行红色旅游资源开发。规划建设红色旅游经典景区，精心打造"红色之旅"精品旅游线路及城市间红色之旅专线。加强红色文艺精品创作。

（三）人文湾区共建工程

8. 创新人文湾区建设合作机制。推动建立穗港澳文化交流合作常态化机制，研究制定文化交流合作便利化政策，简化港澳企业及个人来穗文化活动审批程序，促进文化交融，共建人文湾区。争取文化和旅游部在广州创立粤港澳大湾区艺术创研中心。联合香港、澳门开展跨界重大文化遗产保护，建设粤港澳文化遗产游径。打造"穗港澳青少年文化交流季"活动品牌。加快构建穗港马匹运动及相关产业经济圈，深化从化无规定马属动物疫病区与香港在进出境检验检疫和通关等领域合作。

9. 推动湾区公共文化服务共建共享。强化广州国家中心城市、省会城市文化服务功能，构建标准化均等化现代公共文化服务体系。实施博物馆倍增提质计划，建设"图书馆之城"和"博物馆之城"。推进广东美术馆、广东非物质文化遗产展示中心、广东文学馆"三馆合一"项目、广州美术馆、广州文化馆等省、市重大文化基础设施建设。支持广州建设大湾区影视后期制作中心，引进世界级影视特效创意设计资源，引导设立电影发展基金，争取粤语电影审批权限落地广东（广州）。支持广州牵头建立大湾区演艺联盟，打造粤港澳大湾区演艺中心。创新实施文化惠民工程，办好粤港澳大湾区文化艺术节，打造大湾区标志性文化品牌。

10. 共建世界美食之都。实施"粤菜师傅"工程，联合香港、澳门、佛山、中山等共建世界美食之都，建设粤港澳大湾区美食博物馆，成立粤港澳大湾区美食研究院，定期举办国际美食文化节，申请加入联合国教科文组织"世界美食之都"网络城市体系。

（四）新时代精神文明建设提质工程

11. 大力培育和践行社会主义核心价值观。深入推进铸魂立德工程及社会主义核心价值观建设工程，大力弘扬敢想会干、敢为人先、开放包容、务实创新的城市精神。推进公民道德建设，大力弘扬以爱国主义为核心的民族精神和以改革创新为核心的时代精神，着力培养担当民族复兴大任的时代新人。

12. 深化全域文明创建。出台《广州市文明行为促进条例》，实施公共文明指数测评，开展"四级文明联创"推进文明理念培育行动，开展道德模范学习宣传活动，策划建设市民荣誉馆。发展志愿服务，打造一支文化旅游专业志愿者队伍，建设"志愿之城"。推进诚信建设制度化。

13. 创新文艺精品创作生产机制。实施文艺高峰攀登行动，发布广州文艺创作生产引导目录和项目题材库，安排专项经费扶持文艺精品创作。紧扣重大时间节点和重大题材，创作推出一批在全国有重要影响的文艺精品力作。制定网络文艺繁荣促进计划，支持广州地区高校文学院开设作家班，推动成立花城文学院，打造全国文学高地。

（五）岭南文化中心建设工程

14. 建设中华优秀传统文化传承创新示范区。支持设立以广州、佛山为核心的中华优秀传统文化传承创新示范区。深入研究和挖掘岭南文化、广府文化内涵，支持建设广州市（荔湾）岭南文化中心区，扩大岭南文化的吸引力影响力辐射力。加快广州粤剧院建设，建设省级粤剧文化生态保护实验区，推动粤剧振兴。推动岭南画派创新发展，支持广州建立全国美术写生创作基地，推动岭南雕塑艺术创新发展。继续推进《广州大典》编纂研究工作。建设广州记忆数字平台。

15. 强化历史文化名城空间活化利用。开展面向2035年的历史文化名城保护规划修编，编制岭南文化名城空间战略，将历史建筑保护规划纳入城乡空间规划"一张图"管理。推进住建部历史建筑保护利用试点城市建设，加快推动历史文化街区及历史风貌区改造，推进西关历史文化街区活化提升，推动昌兴街、同文坊、靖远路改造提升。推出西关寻踪路、珠水丝路等9条历史文化步道游径。活化华侨历史文化景观。

16. 构建云山珠水城市文化景观视廊。开发利用亚运文化遗产，整合提升广东省博物馆、广州图书馆、广州大剧院、海心沙等场馆设施及周边环境，打造广州艺术广场暨城市文化客厅。编制文化名城云山珠水艺术提升总体设计，规划建设环白云山文化生态带，推进白云山还绿于民整治工程，推进长洲岛"珠江国际慢岛"、南海神庙历史文化景观带建设。

（六）文化产业壮大工程

17. 培育发展文化创意产业。加强粤港澳数字创意产业合作。推动电子竞技产业发展，培育具有国际一流水准的广州原创游戏品牌、团队和企业，打造动漫游戏产业之都。办好中国国际漫画节，将中国动漫金龙奖（CACC）办成具有全球影响力的动漫领域顶级专业奖项。加快发展文化装备制造业，支持广州企业制定和发布全国文化装备类行业标准和行为规范，推动建设中国（广州）文化装备产业集聚区（基地）。

18. 创新文化市场主体培育壮大机制。深化市属国有文化企业股份制改造和混合所有制改革，推动国有文化企业兼并重组、转型升级。落实有利于文化企业的税收优惠政策，引进世界500强文化类企业地区总部和全国30强文化企业总部及其研发基地、交易中心落户广州，培育"专、精、特、新"文化创意"小巨人"企业群。

19.搭建"文化+"发展战略平台。建设广州高新区国家级文化和科技融合示范基地，加快5G技术与高清/超高清视频技术的结合应用。支持广州创建国家文化与金融合作示范区，支持中国文化产业投资基金（二期）在广州设立粤港澳大湾区文化产业基金。做强广州市天河区国家文化出口基地、中国（越秀）国家版权贸易基地。将广州文化产业交易会打造成国家级文化产业交易平台。

20.深化文化旅游融合发展。创建北京路国家级文化产业示范园区，打造具有世界影响力的文化旅游目的地。实施广州市沙河片区文化振兴计划。加强文化古村落保护利用和旅游开发。支持南沙区积极申报中国（南沙）邮轮旅游发展实验区，推动南沙游艇会成为开放口岸。

（七）对外文化交流门户建设工程

21.加强"一带一路"沿线城市文化交流。发挥广州作为海上丝绸之路申遗牵头城市作用，与香港、澳门一道联合海上丝绸之路沿线城市共同开展申遗。深化海丝遗产保护研究，完善文化遗产管理机制。做强文化金融服务、旅游资源交易等对外文化贸易，发展新型文化服务离岸外包业务。

22.推动优秀岭南文化走出去。依托国际友城、世界大都市协会资源，推进岭南文化海外传播。鼓励符合国家"走出去"政策的各类文化企业在境外开展文化领域投资合作。加强对外文化学术交流合作。深化与国际主流媒体及海外华文媒体合作。推动文化领域国际机构（组织）在广州设立分支机构。

23.培育提升文化交流品牌。办好全球市长论坛暨广州国际城市创新奖、从都国际论坛、中国（广州）国际纪录片节等高端文化论坛、节展。办好广州国际传播年暨城市品质提升年活动，实施"广州故事海外传播使者行动"，拓宽国际传播渠道。打造一批赛事品牌，建设体育名城。

（八）文化体制改革创新工程

24.建设文化体制改革创新试验区。赋予试验区省一级文化管理权限，实施文化优先发展战略，优化文化发展政策环境，探索一批可在全国复制推广的文化体制改革经验。

25．创新媒体融合发展机制。加快建设市、区融媒体中心。支持成立媒体融合发展基金，推动成立融媒发展集团。同人民日报社、新华社、中央广播电视总台等开展战略合作，支持中央广播电视总台在广州设立粤港澳大湾区总部、广东总站。加强网络内容建设，支持社会新媒体以导向正确为前提发展壮大。

26．创新文化发展投融资机制。成立广州文化发展集团，打造文化产业投融资综合载体。支持粤港澳大湾区文化产业基金（筹）牵头，联合广东南方媒体融合发展投资基金、广东省新媒体产业基金、广东全媒体文化产业基金等发起组建广州文化产业投融资平台。

27．创新文化人才发展机制。赋予广州省一级文化人才管理权限，实施更加积极开放有效的文化人才政策，协同湾区城市引进国际顶尖文化人才（团队）并推动交流共享。实施"广聚英才计划"，健全人才政策体系，完善文化人才评价机制，建立健全符合文化人才成长发展规律的体制机制及文化艺术荣典制度，在入户、住房、子女就学等方面给予文化人才特定激励措施。实施文艺名家大师引进扶持计划，大力培养青年文艺人才和文艺创新创业团队。

三、组织保障

（一）强化组织领导。深入贯彻落实省委、省政府部署安排，省文化体制改革专项小组要强化统筹协调，省各有关单位要积极支持配合，广州市要负起主体责任，健全工作机制，有效整合资源，形成强大合力。

（二）加大资金保障。广州市要加大财政资金投入，整合现有扶持文化产业发展的各项财政资金，设立广州市文化产业发展专项资金，支持重点产业、园区、企业、平台和项目建设发展。制定文化产业发展专项资金管理办法，确保资金有效监管和使用。广州市各区要根据自身实际情况参照设立文化产业发展专项资金。

附录 《广州市推动综合城市功能出新出彩行动方案》 城市文化综合实力

　　（三）加强督查考核。省文化体制改革专项小组要加强对广州文化改革发展的督促检查，及时评估工作成效。广州市各级宣传文化主管部门要发挥组织协调作用，加强对本方案实施情况的跟踪分析、监测评估和监督检查，确保各项任务措施落到实处。